全国中等职业学校数控加工类专业理实一体化教材
全国技工院校数控加工类专业理实一体化教材（中级技能层级）

数控电加工技术

（第二版）

刘强◎主编

U0336021

中国劳动社会保障出版社

简介

本书分为电火花线切割加工、数控电火花成形加工两部分，主要内容包括线切割机床操作基础、直线轮廓工件的线切割加工、弧形轮廓工件的线切割加工、工件的自动编程线切割加工、电火花成形加工机床操作基础、电火花成形加工机床电极设计与装夹、典型工件的电火花成形加工与编程等。本书由刘强任主编，周重锋任副主编，高连勇、胡乐凤参加编写；申如意任主审。

图书在版编目（CIP）数据

数控电加工技术 / 刘强主编 . -- 2 版 . -- 北京 : 中国劳动社会保障出版社，2023
全国中等职业学校数控加工类专业理实一体化教材　全国技工院校数控加工类专业理实一体化教材 : 中级技能层级
ISBN 978-7-5167-6106-9

Ⅰ. ①数…　Ⅱ. ①刘…　Ⅲ. ①数控机床 - 电火花加工 - 中等专业学校 - 教材　Ⅳ. ①TG661

中国国家版本馆 CIP 数据核字（2023）第 215112 号

中国劳动社会保障出版社出版发行

（北京市惠新东街 1 号　邮政编码：100029）

*

三河市潮河印业有限公司印刷装订　　新华书店经销

787 毫米 × 1092 毫米　16 开本　9.75 印张　183 千字
2023 年 12 月第 2 版　　2023 年 12 月第 1 次印刷
定价：25.00 元

营销中心电话：400-606-6496
出版社网址：http://www.class.com.cn
http://jg.class.com.cn

前　言

　　为了更好地适应全国技工院校数控加工类专业的教学要求，全面提升教学质量，人力资源社会保障部教材办公室组织全国有关学校的骨干教师和行业、企业专家，在充分调研企业生产和学校教学情况，广泛听取教师对教材使用反馈意见的基础上，对全国技工院校数控加工类专业理实一体化教材（中级技能层级）进行了修订。

　　本次教材修订工作的重点主要体现在以下几个方面：

　　第一，更新教材内容，体现时代发展。

　　根据数控加工类专业毕业生所从事岗位的实际需要和教学实际情况的变化，合理确定学生应具备的能力与知识结构，对部分教材内容及其深度、难度做了适当调整。

　　第二，反映技术发展，涵盖职业技能标准。

　　根据相关职业和专业领域的最新发展，在教材中充实新知识、新技术、新设备、新工艺等方面的内容，体现教材的先进性。教材编写以国家职业技能标准为依据，内容涵盖钳工、车工、铣工、电切削工等国家职业技能标准的知识和技能要求。

　　第三，精心设计形式，激发学习兴趣。

　　在教材内容的呈现形式上，尽可能利用图片、实物照片和表格等形式将知识点生动地展示出来，力求让学生更直观地理解和掌握所学内容。针对不同的知识点，设计了许多贴近实际的互动栏目，以激发学生的学习兴趣，使教材"易教易学，易懂易用"。

　　第四，开发配套资源，提供教学服务。

　　本套教材配有学生指导用书和方便教师上课使用的多媒体电子课件，可以通过技工教育网（http://jg.class.com.cn）下载。另外，在部分教材中使用了二维码技术，针对教材中的教学重点和难点制作了动画、视频、微课等多媒体资源，学生使用移动终端扫描二维码即可在线观看相应内容。

第五，升级印刷工艺，提升阅读体验。

部分教材将传统黑白印刷升级为四色印刷，提升学生的阅读体验，使教材中的插图、表格等内容更加清晰、明了，更符合学生的认知习惯。

本次教材的修订工作得到了江苏、山东等省人力资源和社会保障厅及有关学校的大力支持，在此我们表示诚挚的谢意。

人力资源社会保障部教材办公室

2023 年 12 月

目　录

第一篇
电火花线切割加工

项目一
线切割机床操作基础

任务一 认识线切割加工

学习目标

1. 初步认识电火花加工，了解其加工原理。
2. 了解线切割加工的工作原理和设备。
3. 掌握线切割加工的特点。

任务描述

如图 1-1 所示为某企业电火花线切割加工带叶冠整体涡轮盘，它是航空工业中的高精度复杂工件。要在涡轮盘上加工出均匀的叶片，在加工中既不能破坏涡轮盘的整体结构，又要保证叶片具有较高的几何精度和表面质量，使用传统的加工方法无法满足要求，因此采用电火花线切割技术进行加工。

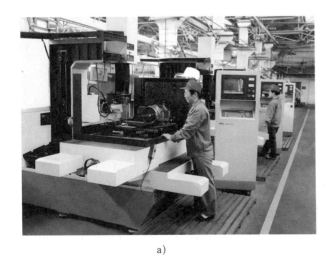

a)   b)

图 1-1　电火花线切割加工带叶冠整体涡轮盘
a）加工现场　b）带叶冠整体涡轮盘

本任务通过现场参观或观看加工录像，初步认识电火花线切割加工，了解电火花线切割加工原理，熟悉电火花线切割加工设备，最后总结电火花线切割加工的特点。

相关理论

一、电火花加工概述

当把插头插入带电的插座中时，经常可以看到火花，这是因为当插头与插座即将接触而它们之间只有微小的间隙时，会产生放电现象。这种放电可使金属表面产生微小的麻坑，积累起来可在金属表面形成明显的蚀除痕迹。因为在加工中可以看到火花，所以把这种利用电蚀现象去除材料的加工方法称为电火花加工。

电火花加工的原理是利用工具电极与工件之间的脉冲性火花放电的电蚀现象来蚀除多余的金属，从而对工件进行加工的，如图1-2所示。电火花加工既可以加工一般材料的工件，也可以加工用传统切削方法难以加工的高精度、高硬度、高强度、高韧性的金属材料工件，尤其适合模具的加工。电火花加工发展至今，已有电火花线切割加工、电火花成形加工、电火花小孔加工、电火花磨削等多个种类，应用最多的是电火花线切割加工和电火花成形加工。

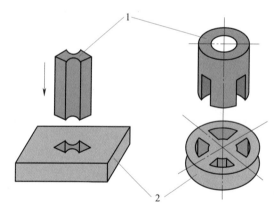

图1-2　电火花加工的原理
1—工具电极　2—工件

二、线切割加工工作原理和设备

1. 工作原理

电火花线切割加工（wire cut electrical discharge machining，WEDM）简称线切割加工。它以一根移动的金属丝（电极丝）作为工具电极，与工件之间产生火花放电，对工件进行切割，故称为线切割加工。在正常的线切割加工过程中，电极丝与工件保持一定的间隙，彼此不接触。在电极丝上施加一定的电压，使其产生局部的击穿放电，放电产生的瞬时高温使工件局部熔化甚至汽化而被蚀除；同时，电极丝不断进给直至加工出理想的工件形状。它属于特种加工方法之一。

如图 1-3 所示为线切割工艺和加工装置原理图。电极丝 2（细钼丝）作为工具电极进行切割。脉冲电源 6 的正极和负极分别接工件和电极丝。工作液作为电极之间的工作介质，具有一定的绝缘性，工作台带动工件在水平面内按控制程序的指令进行伺服进给移动，从而将工件切割出各种形状。

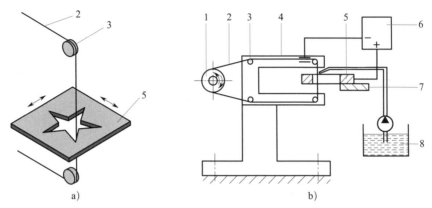

图 1-3　线切割工艺和加工装置原理图
a）工件及其运动方向　b）线切割加工装置原理图
1—储丝筒　2—电极丝　3—导轮　4—支架　5—工件
6—脉冲电源　7—绝缘底板　8—工作液

2. 加工设备及其型号

我国特种加工机床型号由汉语拼音字母和阿拉伯数字按一定规律排列组成，用于简明地表示机床的类型、通用特性和结构特性、主要技术参数等。在通用机床型号中，字母和数字的含义如下：

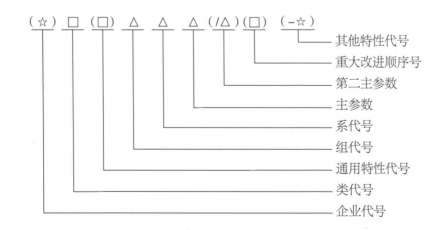

说明：□表示大写的汉语拼音字母；△表示阿拉伯数字；☆表示大写的汉语拼音字母，或阿拉伯数字，或两者组合；（）表示当不选时，可省略，若选择了该项，则不需带"（）"。

（1）特种加工机床类别代号

特种加工机床按工作原理和加工所使用的能量形式的差异划分为电火花加工机床、电弧加工机床、电解加工机床、超声加工机床、快速成形机床、激光加工机床、电子束加工机床、离子束加工机床、等离子弧加工机床、磁脉冲加工机床、磁磨粒加工机床、射流加工机床、复合加工机床、其他特种加工机床，共14类。类代号用大写汉语拼音字母表示，按汉字字意读音。特种加工机床的类别和代号见表1-1。

表1-1　特种加工机床的类别和代号

类别	电火花加工机床	电弧加工机床	电解加工机床	超声加工机床	快速成形机床	激光加工机床	电子束加工机床	离子束加工机床	等离子弧加工机床	磁脉冲加工机床	磁磨粒加工机床	射流加工机床	复合加工机床	其他特种加工机床
代号	D	DH	DJ	CS	KC	JG	DS	LS	DL	CC	CL	SL	FH	QT
读音	电	电弧	电解	超声	快成	激光	电束	离束	等离	磁冲	磁料	射流	复合	其他

（2）特种加工机床通用特性代号

特种加工机床通用特性代号表示某种特种加工机床所具有的特殊性能。当机床除了有普通型外，还具有表1-2所列的一种或多种通用特性时，型号中则要加通用特性代号，位置在类代号之后。在一个型号中，一般只应表示一个最主要的通用特性，最多可表示两个，按重要程度排列先后次序。

表1-2　特种加工机床型号中几种典型通用特性及其代号

通用特性	高精度	精密	数控	仿形	便携	数显	高速
代号	G	M	K	F	B	X	S
读音	高	密	控	仿	便	显	速

（3）电加工机床组、系划分及其代号

每类特种加工机床划分为10个组，每组机床划分为10个系（系列）。机床的组、系代号用两位数字表示。电加工机床组、系代号见表1-3。

（4）机床主参数

机床主参数代表机床规格的大小，用折算值（主参数乘以折算系数）表示。

综合上述特种加工机床型号的编制方法，举例如下：DK7725型机床表示工作台短轴行程为250 mm的数控往复走丝电火花线切割机床。

近年来，随着机床工业的发展，机床种类越来越多，有些厂家按照企业标准编制机床型号，如ZGW32D等。常见的线切割加工设备及其型号如图1-4所示。

表 1-3　电加工机床组、系代号

组		系			主参数
名称	代号	代号	名称	折算系数	名称
电火花成形机床	7	0	电火花小孔高速加工机床	1	最大电极直径
		1	电火花成形机床	1/10	工作台面宽度
		2	电火花微孔加工机床	10	最小电极直径
		3	电火花铣削加工机床	1/10	短轴行程
		4	电火花轮胎模加工机床	1/10	工作台面直径
		5			
电火花线切割机床		6	单向走丝电火花线切割机床	1/10	短轴行程
		7	往复走丝电火花线切割机床	1/10	短轴行程
		8			
		9			

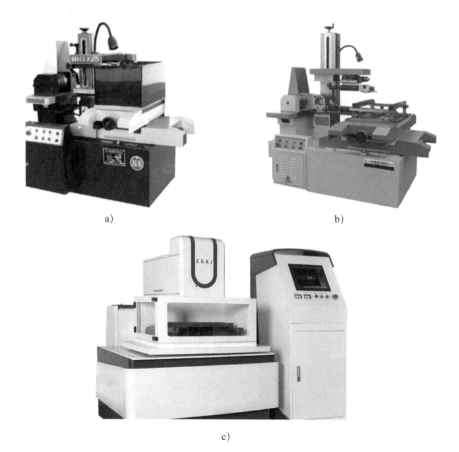

a)　　　　　　　　　　　　　　b)

c)

图 1-4　常见的线切割加工设备及其型号
a) DK7725 型　b) DK7740 大锥度型　c) ZGW32D 型

三、线切割加工的特点和应用

1. 加工过程中不产生很大的切削力，电极丝、夹具不需要太高的强度，材料的加工性能不再与硬度、强度、韧性、脆性等有直接关系，提高了金刚石、硬质合金等材料的可加工性能。

2. 以直径为 0.02～0.38 mm 的金属丝作为工具电极，不需要设计及制造成形电极，缩短了生产准备时间，加工周期短。

3. 线切割加工的主要对象是工件的二维轮廓形状，可以加工用传统切削加工方法难以加工或无法加工的形状复杂的工件（见图1-5）。对不同的工件只需编制不同的控制程序，容易实现自动加工，适用于小批量形状复杂工件、单件和试制品的加工。

4. 可依靠计算机控制电极丝的轨迹和间隙补偿，可一次编程完成凸模与凹模的加工，并可任意调节配合间隙。

5. 直接利用电能、热能进行加工，可以方便地对影响加工精度的加工参数（如脉冲宽度、间隔、伺服速度等）进行调整，有利于提高加工精度，便于实现加工过程的自动控制。

6. 利用四轴或五轴联动，可加工锥度、上下面异形体等工件。

7. 由于电极丝比较细，可以方便地加工微细异形孔、窄缝和复杂截面的型柱、型孔。如图1-6所示为具有细微结构的工件。由于切缝很窄，实际金属去除量很少，材料的利用率很高，对节约贵重金属有重要意义。

图1-5　形状复杂的工件

图1-6　具有细微结构的工件

8. 采用移动的长电极丝进行加工，使单位长度电极丝的损耗较少，从而对加工精度的影响比较小，特别是在低速走丝线切割加工中，电极丝一次性使用，电极丝损耗对加工精度的影响更小。

✖ 任务实施

一、入场准备

工作时必须穿好工作服。工作服的主要功能是为操作人员提供安全保护及防尘等，此外还有提升企业形象以及提醒操作人员处于工作状态等功能。工作服的选择有防止缠绕、防止切屑进入衣内、方便操作人员动作、耐污、耐摩擦、美观、统一等要求。

工作服的衣扣、袖口都要扣好，做到袖口紧、领口紧、下摆紧，不允许穿拖鞋、凉鞋、高跟鞋，女生应将长发盘好并塞入工作帽中。如图 1-7 所示为工作服和工作帽规范穿戴示例。

a)   b)

图 1-7 工作服和工作帽规范穿戴示例

二、参观现场

在教师的带领下按既定路线参观现场。

1. 走在车间安全通道上划线区域以内，严禁擅自进入操作区，严禁干扰操作人员，严禁擅自触摸设备和工件，如图 1-8 所示。

2. 参观线切割加工设备，形成初步印象，如图 1-9 所示。

图 1-8 进入车间参观   图 1-9 参观线切割加工设备

3. 观察线切割加工过程，了解线切割加工设备工作方式，如图 1-10 所示。

4. 观察线切割加工工件，了解线切割加工工件与其他普通金属切削加工工件的不同，如图 1-11 所示。

图 1-10　观察线切割加工设备工作方式

图 1-11　观察线切割加工工件

操作提示

　　有些同学看到电极丝来回运转，认为工件是被电极丝"锯开"的，实际上加工过程中电极丝与工件并不接触，而是通过火花放电（见图 1-12）产生的局部高温蚀除金属的。

图 1-12　火花放电

任务二　熟悉线切割加工设备

学习目标

1. 认识数控电火花线切割机床的各组成部分。

2. 掌握数控电火花线切割机床各组成部分的作用。

3. 掌握手控盒的功能。

4. 能进行储丝筒的调节。

任务描述

　　本任务以 CTW400TA 型数控电火花线切割机床为例，首先认识数控电火花线切割机床的组成及其作用，然后完成下列基本操作：开机及关机，使用手控盒启 / 停电极丝、开 / 关工作液、移动工作台，调节储丝筒。

相关理论

一、数控电火花线切割机床的组成及其作用

数控电火花线切割机床由控制系统和机床本体两大部分组成。其中，控制系统又分为单片机式、台式计算机式和立式计算机式等几种类型。如图 1-13 所示为典型的数控电火花线切割机床。

图 1-13 典型的数控电火花线切割机床

1. 控制系统

数控电火花线切割机床的控制系统由输入 / 输出设备、数控装置、高频电源、电气部分等组成。如图 1-14 所示为数控电火花线切割机床的立式计算机控制系统，图 1-15 所示为其电气部分。

输入设备有键盘、鼠标、手控盒等，还可以通过 USB（通用串行总线，universal serial bus）接口连接外围设备实现数据的传输。

输出设备多为显示器，可显示图形、代码、加工参数等。

数控装置用于数据的储存、运算、指令传输等，如图 1-16 所示。

高频电源可把工频交流电转换成具有一定频率的单向脉冲电流，以提供火花放电所需的能量。其性能参数对电火花加工的生产效率、表面质量、加工速度、加工过程的稳定性和工具电极损耗等技术经济指标有很大影响。

2. 机床本体

数控电火花线切割机床本体主要由工作台、导轮和丝架、储丝及走丝机构、工作液循环系统等几部分组成。

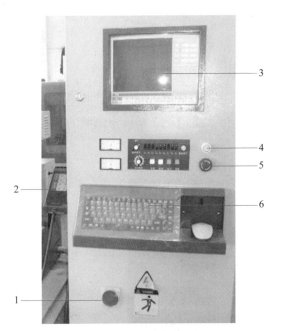

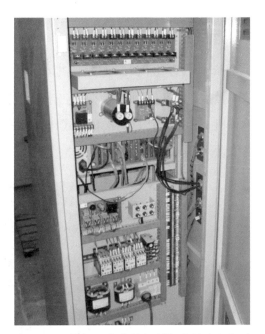

图 1-14　数控电火花线切割机床的立式计算机控制系统　　图 1-15　数控电火花线切割机床的电气部分

1—电源空气开关　2—手控盒　3—显示器

4—启动按钮　5—急停按钮　6—输入设备

图 1-16　数控电火花线切割机床的数控装置

（1）工作台

工件装夹在图 1-17 所示数控电火花线切割机床的工作台上，分别由两个电动机带动工件做 X 向和 Y 向的运动。

（2）导轮和丝架

导轮对电极丝起定位和导向作用，丝架起支承作用，如图 1-18 所示。导轮和丝架直接影响加工质量，因此对其有以下要求：导轮和丝架有足够的刚度和强度、较高的精度；

导轮与丝架、丝架与床身之间绝缘性好；导轮运动组合件有较好的密封措施，能防止工作液进入导轮轴承；能使电极丝与工作台保持垂直或成一定角度。

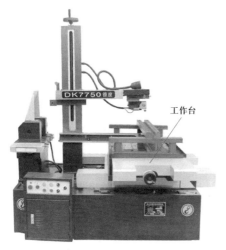

图 1-17　数控电火花线切割机床

图 1-18　导轮和丝架
1—丝架　2—导轮

（3）储丝及走丝机构

储丝及走丝机构是数控电火花线切割机床的关键部件，由电动机带动储丝筒旋转实现电极丝的运转。如图 1-19 所示为数控电火花线切割机床的储丝及走丝机构。

图 1-19　储丝及走丝机构
1—电动机　2—储丝筒

（4）工作液循环系统

在线切割加工中工作液是循环使用的，工作液循环系统由工作液箱、工作液泵、流量控制系统、连接导管、上水嘴、下水嘴等组成，如图 1-20 所示。

二、线切割机床安全操作规程

安全操作包括人身安全和设备安全两方面。线切割机床安全操作规程主要包括以下几个方面：

图 1-20　工作液循环系统

1—工作液箱　2—回水控制阀　3—上水嘴控制阀　4—下水嘴控制阀　5—连接导管　6—工作液泵

1. 操作人员必须熟悉设备的性能和技术规范，掌握操作方法和润滑与保养知识，按要求穿好工作服，方可操作及使用线切割机床。

2. 开机前必须认真检查设备是否正常，查看电源总开关、急停按钮是否正常、有效，按要求加注润滑油。

3. 手摇上丝完成后，必须及时取下手柄，防止储丝筒转动时手柄甩出伤人。严禁操作人员在机动运丝和工件加工过程中用手触摸电极丝。

4. 正式加工工件前，首先应确认工件安装位置是否正确，以防工件碰撞丝架或因超载碰坏滚珠丝杠和螺母等传动部件，然后输入加工程序并检查其正确性。

5. 加工时打开安全开关，将导轮和工作台防护罩安装好后方可进行放电加工。同时，选择适当的工作液流量，防止工作液发生溅射。

6. 禁止用湿手按开关或接触电气部分，防止导电物进入电气部分。一旦因电气元件短路造成火灾，应先切断电源，严禁用水灭火。

7. 滚珠丝杠、导轨和工作台面须保持干净，确保无灰尘和杂物，从而避免非正常磨损。同时，按规定对各润滑部位进行加油润滑。

8. 禁止随意拆卸机床的零部件，以免影响及降低机床的精度。严禁野蛮操作，装卸工件时须小心谨慎，避免碰伤机床工作台面。严禁操作人员私自拆动及改设动力线路、照明电路和接地保护装置，不得私自拆卸、改装机床的安全防护装置。

9. 机床运转时，操作人员必须随时关注其运行情况，发现异常应立即关机；检查异常原因，在无把握自检、自修的情况下，应及时上报，停机待修，避免故障的扩大。

10. 机床附近不得放置易燃、易爆物品，以防因工作液一时供应不足而使放电火花引起火灾。

11. 换下来的废电极丝要放在规定的容器内，以防混入电路和走丝系统中造成电气短路、触电和断丝等事故。

12. 工作结束后，要擦净工作台和夹具，加油润滑机床，清理现场。

13. 机床、电气柜外表涂漆面不能用汽油、煤油等有机溶剂进行擦拭，只宜用中性清洁剂或水进行擦拭。工作结束后应立即将机床清理干净，在易蚀表面涂一层机油，并定期进行清理。

14. 对机床严格执行三级保养制度，认真做好日常保养和一级保养工作，确保机床始终处于整齐、清洁、润滑、安全的状态。

操作提示

1. 在车间参观时应注意安全，按规定穿着工作服，避免人员和设备损伤。
2. 细心观察，不影响正常生产。

任务实施

一、开机及关机

正确开机及关机是使用机床的第一步。

1. 开机操作

（1）检查机床各部件状态和各控制开关的位置。

（2）打开电源空气开关，如图 1-21 所示。

（3）拉起急停按钮，按下启动按钮，如图 1-22 所示。

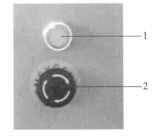

图 1-21 电源空气开关　　图 1-22 启动按钮和急停按钮

1—启动按钮　2—急停按钮

2. 关机操作

（1）将机床各部件调整到合适的位置，如图 1-23 所示。

（2）按下急停按钮。

（3）关闭电源空气开关。

二、手控盒操作

手控盒可控制电极丝的启停、工作液的开关及工作台的移动等，如图 1-24 所示为线切割机床手控盒。手控盒操作步骤和观察内容见表 1-4。

图 1-23　将机床各部件调整到合适的位置

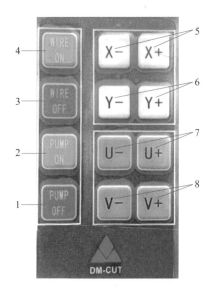

图 1-24　线切割机床手控盒
1—工作液泵关按钮　2—工作液泵开按钮
3—电极丝关按钮　4—电极丝开按钮
5—X 向移动按钮　6—Y 向移动按钮
7—U 向移动按钮　8—V 向移动按钮

表 1-4　手控盒操作步骤和观察内容

操作步骤	观察内容
分别按下 "X+" "X-" 按钮	工作台运动方向
分别按下 "Y+" "Y-" 按钮	工作台运动方向
按下电极丝开和电极丝关按钮	储丝筒启停情况
按下工作液泵开和工作液泵关按钮	工作液泵运转及工作液供给情况

💡 操作提示

1. 按照所需动作顺序依次按下各按钮，不可同时按住不同按钮，避免机床产生不必要的损伤。

2. 本任务暂时不使用 U 向、V 向移动按钮。

3. 多数机床设定按下电极丝开按钮后工作液泵开按钮才有效，按下工作液泵关按钮时电极丝关按钮自动有效。对于没有本设定的机床，在操作时应先打开走丝电动机，待电极丝运动后再打开工作液泵开关，利用导轮旋转的离心力防止工作液进入导轮轴承而造成损伤。同理，停止时应先关闭工作液泵开关，再关闭走丝电动机。

三、储丝筒的调节

储丝筒是储存电极丝的部件，工作时由电动机带动储丝筒旋转，从而实现电极丝的运转。储丝筒的动作受储丝筒启动按钮和停止按钮、行程开关、速度调节器、手控盒上的电极丝开按钮和电极丝关按钮控制。如图 1-25 所示为储丝筒和行程开关，图 1-26 所示为储丝筒启动按钮和停止按钮，图 1-27 所示为储丝筒速度调节器。储丝筒的调节步骤和观察内容见表 1-5。

图 1-25 储丝筒和行程开关
1—行程挡块 2—电动机 3—储丝筒 4—行程开关

图 1-26 储丝筒启动按钮和停止按钮
1—启动按钮 2—停止按钮

图 1-27 储丝筒速度调节器

速度调节旋钮

表1-5　储丝筒的调节步骤和观察内容

调节步骤	观察内容
用手控盒启动储丝筒	观察储丝筒运转情况
调节储丝筒行程开关	观察储丝筒换向情况
用机床侧面的储丝筒启动按钮和停止按钮控制储丝筒的启动和停止	观察储丝筒运转情况
调节储丝筒速度调节旋钮	观察储丝筒运转速度变化情况

操作提示

1. 储丝筒运转时应注意安全。
2. 单人操作时，不可同时按手控盒与机床侧面的储丝筒启动按钮和停止按钮。

任务三　线切割加工设备的维护与保养

学习目标

1. 掌握线切割加工设备的维护与保养方法。
2. 掌握线切割加工工作液的配制方法。

任务描述

为保证线切割加工设备经常处于良好状态，使其随时可以投入运行，减少导致停机的故障，提高设备完好率和利用率，减少设备磨损，延长设备使用寿命，降低设备运行和维修成本，确保安全生产，必须强化对设备的维护与保养工作。设备保养必须贯彻"养修并重，预防为主"的原则，做到定期保养、强制进行，正确处理使用、保养和修理的关系。

本任务要求进行线切割机床的维护与保养，以保证设备正常的使用寿命。

相关理论

电火花线切割机床的日常维护与保养工作同样要遵守安全操作规程的有关规定，这里不再赘述。

一、维护与保养方法

1. 应严格按润滑要求对机床运动部件进行润滑，每周用煤油冲洗一次导轮轴承，多加注润滑油，将残留的工作液挤出。

2. 应经常清洗丝架上臂和下臂，及时将工作液、电蚀物清除。

3. 导轮、进电块、断丝保护块表面应保持清洁。

4. 工作液应勤换，管道应保持畅通。更换工作液时应清洗工作液箱和管道，以去除电蚀物。

5. 严格遵守安全操作规程。

6. 机床防尘罩上不要放置重物，不要随意拆卸机床。如需要拆卸，应防止灰尘落入。

7. 储丝筒换向时，如果发生振动，应及时检查有关部件并进行调整。

8. 应经常检查导轮、进电块、断丝保护块、导轮轴承等是否磨损，若出现沟槽而影响加工精度，应及时更换。

9. 更换导轮后应重新调整电极丝与工作台的垂直度，使用一段时间后也应重新检查及校正。

二、工作液的概述

1. 性能要求

线切割加工中工作液起冷却、润滑、清洗、排屑、防锈、灭弧等作用，其性能将影响加工质量、加工速度、电极丝使用寿命等，对其使用性能有以下要求：

（1）具有适中的介电性能。在保证放电加工的同时，适当提高介电性能可以减少脉冲能量在介质击穿中的损耗。

（2）清洗与排屑性能好。工作液的清洗与排屑性能好，可以帮助改善切割表面的均匀性，提高切割速度和加工精度；同时，切割厚度较大的工件时能保持较好的加工稳定性。但是，排屑性能的改善并不意味着切缝中的电蚀物越少越好，因为电蚀物对电极丝的振动能量吸收作用十分重要。

（3）要有较好的冷却性能并且具有良好的消电离作用。在放电加工过程中，工作介质应能迅速使电极丝冷却，并应有利于极间绝缘状态的恢复。

（4）要保证较快的加工速度，以提高加工效率，降低成本。

（5）对环境污染小，对人体无害，不会导致机床和工件生锈，不使机床涂层变色。

（6）使用方便，价格低廉，使用寿命长。

2. 工作液的分类、配制及更换

目前普遍使用的工作液主要有乳化油、水基工作液、固体乳化皂等，其中乳化油的使用较多。不同品牌工作液的使用寿命略有差异，一般一箱工作液的正常使用寿命为80～100 h，加工铝件时工作液应勤更换。

使用前，应先将工作液按一定比例稀释，不同品牌的工作液稀释比例不同，一般为1：10～1：20，高浓缩工作液配比可达1：60～1：100。尽量避免用硬水配制工作液，若冬天水冷，可先用温水将工作液化开后再进行勾兑。配制好的工作液呈乳白色，如图1-28所示。

更换工作液时，先将工作液箱和机床上、工作液连接导管中的油污清理干净，若未彻底清洗，则油污会混到新配制的工作液中而影响其使用寿命，如图1-29所示。新配制的工作液使用一段时间后性能趋于稳定。

图1-28　配制好的工作液

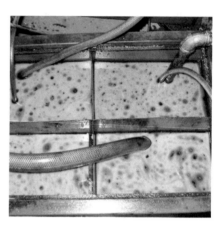

图1-29　混入油污的工作液

⚒ 任务实施

一、严格按照安全操作规程和设备维护与保养方法操作机床

为确保人身和设备安全，要求操作人员必须熟练掌握安全操作规程和设备维护与保养方法方可操作机床。

1. 开机前，先检查电极丝是否存在断丝现象，检查工作液箱是否清洁，检查丝架和工作台上是否有异物。

2. 开机后，检查机床控制系统运行状态是否正常。按下手控盒上的电极丝开按钮和工作液泵开按钮，检查工作液的回流是否畅通，电极丝的运转是否平稳。

3. 定期手动驱动储丝筒，用百分表初步检验储丝筒和导轮的径向圆跳动误差是否在机床的精度指标内。如有超差或运转不平稳的情况，应联系维修人员，更换轴承或相关配件。

4. 操作人员要根据维护与保养的有关规定，定期对线切割机床进行润滑以及定期更换工作液。

二、机床润滑

严格按照机床使用说明书中的润滑要求对机床进行润滑。对储丝筒托板导轨采用注油方式润滑，将规定标号的机油由注油口注入，一般每班注油一次，如图1-30所示。

对可调丝架滑轨、丝杠、轴承等处采用淋油方式润滑，一般每班1～2次；对工作台导轨、滚珠丝杠副等处采用润滑脂或凡士林填封润滑，一般一年更换一次；对储丝筒支架轴承、滚珠丝杠轴承等处采用轴承润滑脂填封润滑，一般一年更换一次，应严格按照机床使用说明书中的润滑要求操作，保证机床正常的使用寿命。如图1-31所示为可调丝架滑轨前端淋油润滑，图1-32所示为可调丝架滑轨后端淋油润滑，图1-33所示为导轮淋油润滑，图1-34所示为轴承淋油润滑。

图1-30　注油润滑

图1-31　可调丝架滑轨前端淋油润滑

图1-32　可调丝架滑轨后端淋油润滑

图1-33　导轮淋油润滑

图1-34　轴承淋油润滑

项目二
直线轮廓工件的线切割加工

任务一　板材的截断

学习目标

1. 能根据需要正确选择电极丝。
2. 能独立完成电极丝的上丝及穿丝操作。
3. 掌握电极丝的调整方法。
4. 能完成板材截断的操作。

任务描述

生产中经常需要截断板材，若材料较硬或较贵，要求切缝平滑、材料浪费少，则采用线切割加工较为经济。本任务要求选择合适的电极丝并将其正确安装到机床上，进行必要的调整，完成板材截断任务。板材宽度为 130 mm，厚度为 5 mm，材料为 45 钢，已预划线。

采用直线加工程序切断板材，程序如下：

B0 B150000 B150000 GY L2

（注：本条程序由教师预先给出，程序的编写及其含义将在任务二中详述。）

相关理论

一、常用电极丝材料

线切割机床按走丝速度的快慢可分为高速走丝机床、中速走丝机床和低速走丝机床。其中，低速走丝机床发展较早，高速走丝机床采用我国独创的电火花线切割加工模式，在国内普及率较高，中速走丝机床是结合两者特点近几年发展起来的。

高速走丝机床的电极丝是快速往复运动的，电极丝在加工过程中反复使用。这类电极丝主要有钼丝、钨丝和钨钼丝。常用钼丝的规格为 $\phi 0.1 \sim 0.18$ mm，当需要切割较小的圆角或缝槽时也用 $\phi 0.06$ mm 的钼丝。钨钼丝耐腐蚀，抗拉强度高，但脆且不耐弯曲，且因其价格高，仅在特殊情况下使用。

低速走丝机床一般用黄铜丝作电极丝。电极丝做单向低速运行，强度不高，用一次就废弃。为了提高切割性能，国内外都研制了线切割机床专用的铜电极丝。切割细微缝槽或要求圆角较小时，低速走丝线切割机床可以采用钨丝或钼丝，其最小直径可达 0.02 mm。

电极丝的材料不同，电火花线切割的切割速度也不同。电极丝的选择原则是根据加工特点选择电极丝类型，然后根据加工要求选择直径。

二、电极丝直径对加工的影响

电极丝的直径对切割速度的影响较大。如果电极丝直径过小，则承受电流小，切缝也窄，不利于排屑和稳定加工，切割速度不理想。因此，在一定的范围内，电极丝直径的加大对提高切割速度有利。但是，若电极丝的直径超过一定范围，会造成切缝过大，也同样会影响切割速度的提高。因此，电极丝的直径又不宜过大。同时，电极丝直径对切割速度的影响也受脉冲参数等综合因素的制约，应根据需要合理选择。另外，较大盲径的电极丝难以加工出内尖角的工件。

高速走丝线切割加工用的电极丝直径可在 0.1 ~ 0.25 mm 间选用，最常用的电极丝直径为 0.12 ~ 0.18 mm。低速走丝线切割加工用的电极丝直径为 0.03 ~ 0.36 mm，最常用的电极丝直径为 0.2 mm。如图 2-1 所示为电极丝。

a)   b)

图 2-1　电极丝
a）铜丝　b）钼丝

三、电极丝张力对加工的影响

电极丝的上丝及紧丝是线切割操作的一个重要环节，该环节的质量直接影响工件的质量和切割速度。当电极丝张力适中时，切割速度最大。

如果电极丝的张力过大，电极丝超过弹性变形的限度，并且由于频繁地往复弯曲、摩擦，加上放电时受急热、急冷变换的影响，电极丝可能发生疲劳而造成断丝。在高速走丝加工中，如果电极丝的张力过大，断丝往往发生在换向的瞬间，严重时即使空走也会断丝。

如果电极丝的张力过小，尤其在切割较厚的工件时，由于电极丝的跨距较大，因电极丝在加工过程中受放电压力的作用而产生弯曲变形，会导致电极丝切割轨迹落后并偏离工件轮廓（即出现加工滞后现象），从而造成形状与尺寸误差。例如，切割较厚的圆柱时会出现腰鼓形状。严重时电极丝快速运转容易跳出导轮槽而发生断丝现象。张力过小还会使电极丝抖动厉害，造成频繁短路，导致加工不稳定，加工精度不高。

综上所述，电极丝张力的大小对运行时电极丝的振幅和加工稳定性有很大影响。因此，加工前应对电极丝做适当的张紧。例如，在上丝过程中外加辅助张力，或上丝后再张紧一次；对于具有恒张力机构的线切割机床，要根据不同直径的电极丝、不同厚度的工件选择合适的配重。

在高速走丝线切割加工中，由于受电极丝直径、电极丝使用时间等因素限制，一般电极丝在使用初期张力可大些，使用一段时间后，张力宜小一些。对多次切割，可以在第一次切割时稍微减小张力，以避免断丝。为了不降低电火花线切割的工艺指标，在电极丝抗拉强度允许范围内张力应尽可能大一点，张力的大小应视电极丝的材料与直径的不同而异，一般高速走丝线切割机床的钼丝张力为 5 ~ 10 N。

四、电极丝垂直度对工艺指标的影响

1. 影响因素

电极丝运动的位置主要由导轮决定，如果导轮有径向圆跳动或轴向窜动，电极丝就会产生振动，其振幅取决于导轮跳动或窜动值。假定下导轮是精确的，上导轮在水平方向上有径向圆跳动，这时切割出的圆柱形工件必然出现圆柱度误差；如果上、下导轮都不精确，两导轮的跳动方向又不可能相同，工件加工部位各空间位置上的精度均可能降低。电极丝垂直度对加工质量的影响如图 2-2 所示。

当导轮 V 形槽的圆角半径超过电极丝半径时，电极丝将不能保持精确位置。两个导轮的轴线不平行，或者两个导轮轴线虽平行，但 V 形槽不在同一平面内，导轮的 V 形槽圆角会较快磨损，使电极丝正、反向运动时不是靠在同一侧面上。

同时，由于电极丝抖动，使电极丝与工件间瞬时短路、开路次数增多，脉冲利用率降低，切缝变宽。对同样长度的切缝，工件的电蚀量增大，使切割效率降低。因此，应提高电极丝的

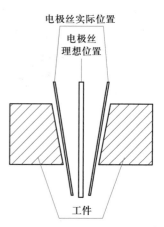

图 2-2 电极丝垂直度对加工质量的影响

位置精度，以利于提高各项工艺指标的精度。

2. 垂直度的校正

为了准确地切割出符合精度要求的工件，电极丝必须垂直于工件的装夹基准面或工作台定位面。为了保证电极丝的位置精度，在导轮和导轮轴承发生磨损后，应及时更换导轮和导轮轴承。在工件加工前应进行电极丝垂直度的校正。常用的电极丝垂直度校正方法有校正块校正和校直仪校正。

（1）校正块校正（见图2-3a）

利用线切割机床的微弱放电，移动电极丝，使其接近校正块的一个侧面，电极丝与校正块之间产生火花放电。根据电极丝与校正块侧面可接触长度上放电火花的均匀程度，判断电极丝的哪端与校正块侧面距离近，从而进行相应的校正。

（2）校直仪校正（见图2-3b）

选择线切割机床的微弱放电功能，在电极丝与校直仪之间加上脉冲电压，电极丝在运行时接近校直仪的一个侧面，利用电极丝的放电脉冲，观察校直仪上指示灯闪亮情况，判断电极丝的哪端与校直仪侧面距离近，从而进行相应的校正。

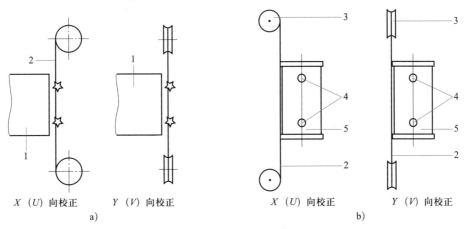

X（U）向校正　Y（V）向校正　　X（U）向校正　Y（V）向校正
　　　　a)　　　　　　　　　　　　　　　　b)

图2-3　电极丝垂直度的校正
a）校正块校正　b）校直仪校正
1—校正块　2—电极丝　3—导轮　4—指示灯　5—校直仪

五、电极丝的特点

优质电极丝有以下特点：

1. 抗拉强度高。

2. 电蚀性能佳，耐高温，加工表面的表面粗糙度值小，稳定性好，切割精度高。

3. 抗拉伸，断后伸长率小，易保持恒张力。

4. 卷曲率大，丝径一致，易穿丝。

5. 损耗小，不易断丝，使用寿命长。

六、不同参数对工件切割速度和加工表面质量的影响

1. 脉冲宽度对加工的影响

脉冲宽度增大，单个脉冲能量和加工电流将随之增大，切割速度和生产效率提高，但电极间放电熔化凹坑体积增大，导致工件表面粗糙度值增大。

2. 脉冲间隔对加工的影响

脉冲间隔增大，脉冲频率降低，所以单位时间放电次数减少，平均加工电流减小，工件切割速度和效率也随之降低，工件表面粗糙度值减小。

3. 工件材料对加工的影响

电加工参数相同，不同材质工件的切割速度和表面粗糙度是不同的，金属的熔点、沸点、熔解热、比热容、汽化热、热导率越高，加工难度越大，但表面粗糙度值较小。

4. 工件厚度对加工的影响

工件厚度不同，切割速度不同。工件太薄，脉冲能量不能充分利用，加工效率较低，只有在某一厚度时才能获得最大的切割速度。工件太厚，加工面积增大，单位面积中的脉冲能量减少，且工作液流通与排屑困难，导致加工效率降低。

🔧 任务实施

一、上丝

1. 上丝操作准备

准备好 $\phi0.18$ mm 的钼丝、旋具等，如图 2-4 所示。

将钼丝从包装中取出，去掉封纸，理出线头，注意防止钼丝缠绕、打结，如图 2-5 所示。

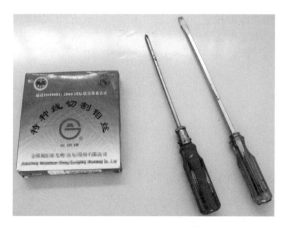

图 2-4　线切割钼丝、旋具

图 2-5　取出钼丝

2. 上丝操作

上丝操作步骤见表 2-1。

表 2-1　上丝操作步骤

操作步骤	图示
1. 接通电源，关闭断丝保护开关，打开储丝筒防护罩	
2. 将旧丝取下	
3. 将行程挡块的距离调到最大，将储丝筒移到最右端	

操作步骤	图示
4. 将新钼丝的一端固定到储丝筒左端的螺钉上，缠绕半圈压紧即可，注意不要留太多的线头	
5. 打开立柱防护门，将电极丝盘挂在与储丝筒相对的惰轮凹槽中	
6. 固定电极丝盘，并用螺母将其压紧，调节弹簧强度	

续表

操作步骤	图示
7. 按下储丝筒启动按钮	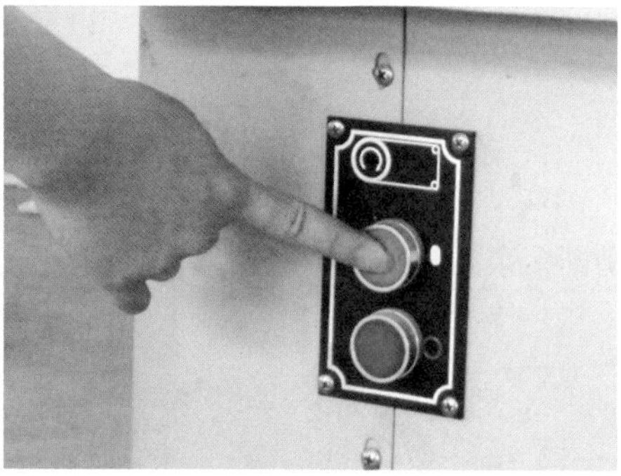
8. 储丝筒在电动机的带动下旋转并将电极丝均匀地缠绕在其上	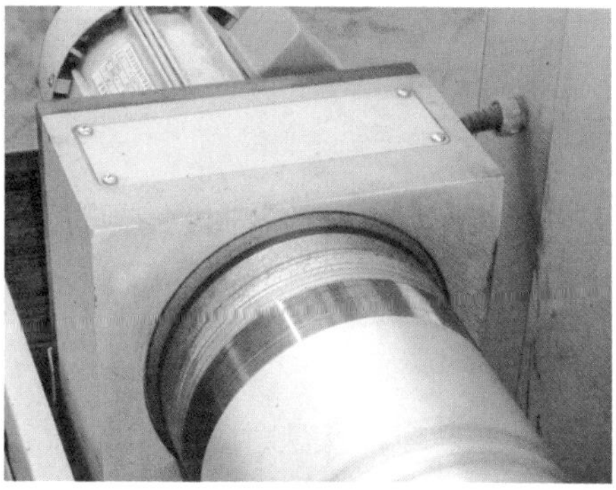
9. 待电极丝缠绕长度基本达到要求后，按下储丝筒停止按钮	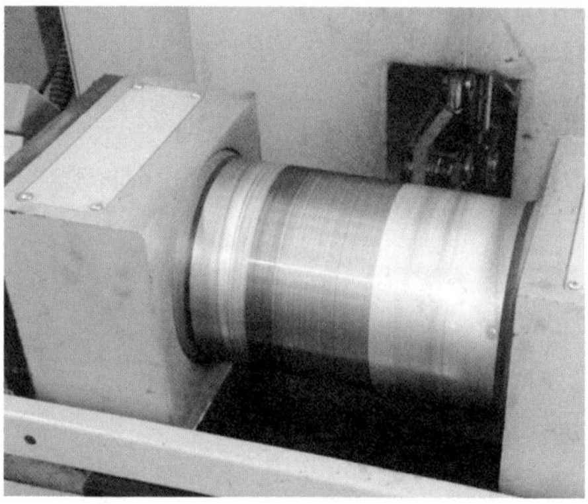
10. 取下电极丝盘	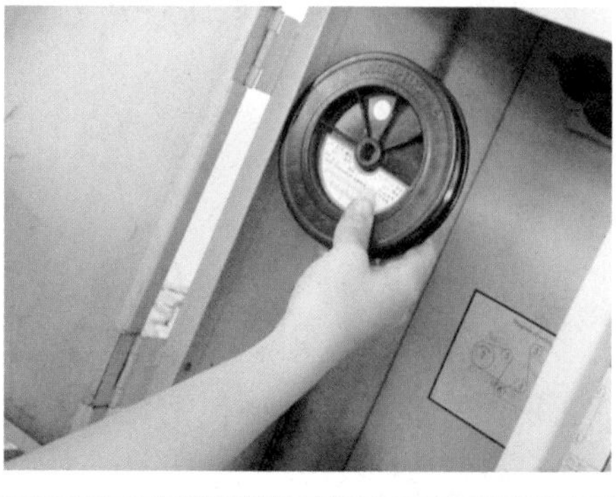

续表

操作步骤	图示
11. 剪断多余的电极丝	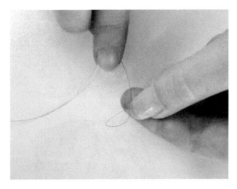

💡 操作提示

1. 旧电极丝应单独存放及回收，严禁随意丢弃，以防止伤人或卡进机床而发生故障。

2. 固定新电极丝时缠绕半圈即可，不需太大的压紧力，注意固定螺钉外不要留太多的线头。

3. 用螺母压紧电极丝盘时应注意方向。

4. 调整储丝筒的速度，电极丝应缠绕均匀。

5. 根据使用要求调节要缠绕的电极丝长度。

6. 折断电极丝时，可先将电极丝交叉（见图2-6）、打结（见图2-7）后再将其拉断。若在加工过程中出现断丝现象，则需先用剪刀将断点处修齐后再重新穿丝。

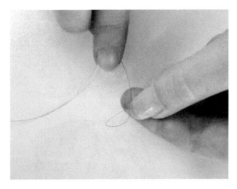 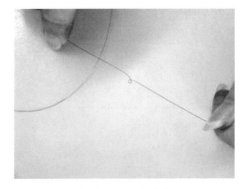

图2-6　电极丝的交叉　　　　　　　　图2-7　电极丝的打结

二、穿丝

在加工前要先将电极丝绕在惰轮和导轮上，有必要的话还要将其从工件穿丝孔中穿过，电极丝穿丝顺序如图2-8所示。

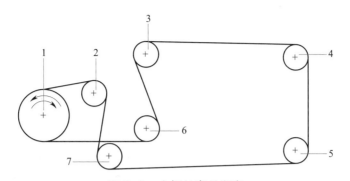

图 2-8　电极丝穿丝顺序

1—储丝筒　2—张紧轮 1　3—惰轮 1　4—上线臂导轮

5—下线臂导轮　6—惰轮 2　7—张紧轮 2

穿丝操作步骤见表 2-2。

表 2-2　穿丝操作步骤

操作步骤	图示
1. 将电极丝由下至上绕过惰轮 2 后卡在惰轮槽中	张紧轮 惰轮2
2. 将电极丝由左侧绕过惰轮 1，水平向右拉	惰轮1

操作步骤	图示
3. 将电极丝拉至右端上线臂导轮处	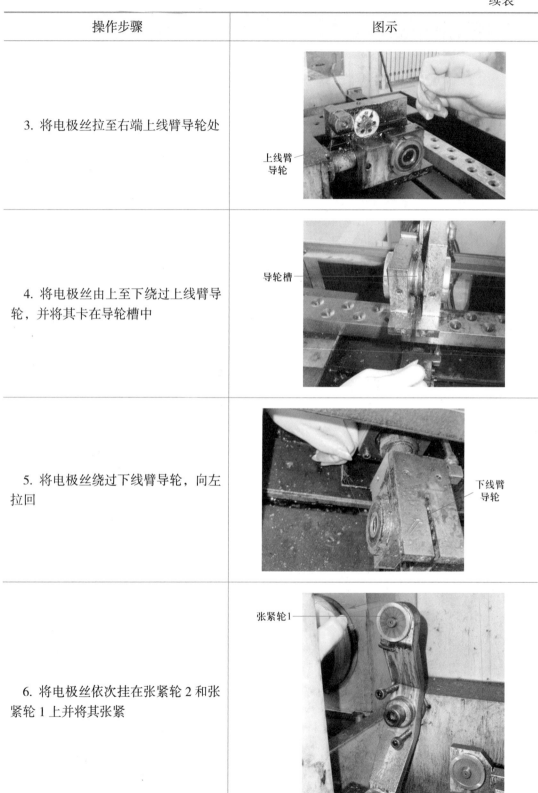 上线臂导轮
4. 将电极丝由上至下绕过上线臂导轮，并将其卡在导轮槽中	导轮槽
5. 将电极丝绕过下线臂导轮，向左拉回	下线臂导轮
6. 将电极丝依次挂在张紧轮 2 和张紧轮 1 上并将其张紧	张紧轮1 张紧轮2

续表

操作步骤	图示
7. 将穿好的电极丝一端固定在储丝筒上，折断多余的电极丝	 拧紧螺钉，固定电极丝
8. 旋转储丝筒，查看穿丝情况，确认无误	

💡 **操作提示**

1. 应严格按图 2-8 所示的穿丝顺序进行操作。

2. 绕丝过程中应确保电极丝平直，切忌打结、弯折。

3. 电极丝应卡在导轮凹槽中，绕丝过程中电极丝应保持较紧的状态，不可轻易回退，防止其从导轮的凹槽中脱出。

4. 注意导电块和小惰轮也要绕上，如图 2-9 所示。

5. 电极丝绕过张紧轮（见图 2-10）时应将其拉紧，利用弹簧力将电极丝张紧。

图 2-9 导电块和小惰轮

1—导电块 2—小惰轮

图 2-10 张紧轮

三、电极丝的调整

在加工过程中，电极丝的排列应均匀且松紧适当。电极丝太松，容易因抖丝而影响加工质量；电极丝太紧，容易断丝。紧丝时要用到紧丝轮和旋具，如图 2-11 所示。

1. 电极丝张力的调整

调整电极丝张力（紧丝）的操作步骤见表 2-3。

图 2-11　紧丝轮和旋具

表 2-3　调整电极丝张力（紧丝）的操作步骤

操作步骤	图示
1. 将电极丝放入紧丝轮的凹槽中，向斜上方拉紧，使其保持一定的张力	
2. 启动储丝筒，使整段电极丝逐步被张紧，直至电极丝末端	
3. 拧松螺钉，将多余的电极丝拉出并重新固定，折断多余的电极丝	

2. 电极丝的匀丝

调整储丝筒行程，盖上防护罩后空运行几分钟，以达到匀丝的目的。

💡 操作提示

1. 保持电极丝张力适中。

2. 初学者可缩短紧丝长度，紧丝时精力要集中，避免产生抖动。

3. 若一次操作未达到要求，允许反复紧丝。

4. 在低速走丝加工中，设备操作说明书中一般都有详细的张力设置说明，刚开始操作时，操作人员可以按照说明书进行设置，有经验者可以根据经验调整及设定张力。

3. 电极丝垂直度的调整

在具有 U、V 轴的线切割机床上，电极丝运行一段时间、重新穿丝后或加工新工件前，需要重新调整电极丝对工作台面的垂直度。电极丝垂直度的校正方法有校正块校正和校直仪校正两种方式。

使用校正块校正方法较简单，具体步骤如下：

（1）擦净工作台面和校正块表面，将校正块在工作台上放好，如图 2-12 所示。

（2）打开高频电源，使用较小的电量让电极丝运行。

（3）移动机床 X 轴，使电极丝接近校正块，产生轻微放电火花，如图 2-13 所示。

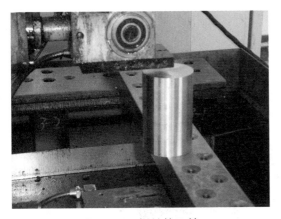

图 2-12 摆放校正块   图 2-13 电极丝接近校正块，轻微放电

（4）目测电极丝与校正块接触长度上放电火花的均匀程度，若发现上端或下端只有一端有火花，说明该端离校正块距离近，而另一端离校正块侧面远，电极丝不平行于该侧面，需要进行校正。

（5）操作手控盒，使电极丝沿 U 轴移动，直到其上端和下端放电火花均匀一致，这时电极丝在 X 坐标方向上垂直，如图 2-14 所示。

图 2-14　校正电极丝，放电火花均匀

（6）用同样的方法，使电极丝沿 V 轴移动，调整其在 Y 坐标方向上的垂直度。

操作提示

1. 经常变换校正块的位置，避开放电痕迹。

2. 加工精密工件时需要多次校正。

3. 校正前，电极丝张力与加工中使用的张力相同。

四、板材截断

将板材装夹到工作台上，按划线位置找正，如图 2-15 所示。

图 2-15　装夹板材

向电火花线切割机床的计算机控制系统中输入下列直线加工程序：

B0 B150000 B150000 GY L2

如图 2-16 所示为加工轨迹，加工过程如图 2-17 所示。

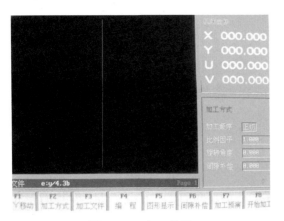

图 2-16 加工轨迹

图 2-17 加工过程

任务二 五角星形工件的加工

学习目标

1. 掌握 3B 代码的结构和编程规则。

2. 掌握坐标值和参数的确定方法。

3. 掌握直线段程序的编制方法，能正确编制程序。

任务描述

本任务要求使用 3B 直线加工程序完成五角星图形的程序编制工作并进行工件的加工。如图 2-18 所示为五角星形工件。毛坯尺寸为 70 mm×70 mm×3 mm，材料为 45 钢。

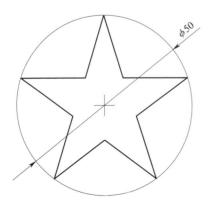

图 2-18 五角星形工件

相关理论

一、数控机床的坐标轴和坐标系

1. 坐标轴

坐标轴就是机械设备中具有位移（线位移或角位移）控制和速度控制功能的运动轴，分为直线坐标轴和回转坐标轴。

为简化编程及保证程序的通用性，对数控机床的坐标轴和方向命名制定了统一的标准，规定直线进给坐标轴用 X、Y、Z 表示。X、Y、Z 坐标轴的相互关系用右手直角笛卡儿坐标系来决定，如图 2-19 所示。图 2-19a 中拇指的指向为 X 轴的正方向，食指指向为 Y 轴的正方向，中指指向为 Z 轴的正方向。

围绕 X、Y、Z 轴旋转的圆周进给坐标轴（回转坐标轴）分别用 A、B、C 表示，以拇指指向 $+X$、$+Y$、$+Z$ 的方向，则食指、中指等的指向是圆周进给运动的 $+A$、$+B$、$+C$ 的方向（见图 2-19c）。具体在确定机床坐标系时还要详细阅读机床说明书。

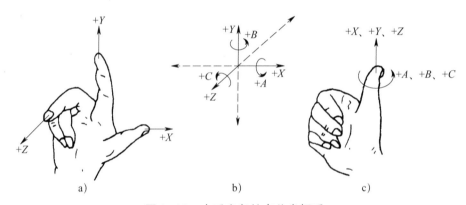

图 2-19　右手直角笛卡儿坐标系

2. 坐标系

坐标系分为机械坐标系和工件坐标系。

（1）机械坐标系

机械坐标系是用来确定工件坐标系的基本坐标系，机械坐标系的零点称为机械原点。

机械原点的位置一般由机床参数设定，一经设定，这个零点便被确定下来且维持不变，不会因断电或改变工件坐标值等原因而改变。数控系统在开机上电时，为了正确地在机床工作时建立机械坐标系，都要执行回机床参考点的操作。通常在每个坐标轴的行程范围内设置一个机床参考点（测量起点），机械原点可以与机床参考点重合，也可以不重合，不重合时可以通过设定机床参数指定机床参考点到机械原点的距离。

（2）工件坐标系

工件坐标系是在机床已经建立了机械坐标系的基础上，根据编程需要，在工件或其他地方选定某一已知点设定零点建立的坐标系。工件坐标系的零点称为工件零点。

数控加工编程时可以选择机床提供的坐标系作为工件坐标系。一般机床提供的坐标系有 G54 ~ G59，还有一些机床提供了更多的坐标系，以方便更多工件的加工。

3. 绝对坐标系和增量坐标系

在数控机床加工中，坐标轴移动方式有绝对方式和增量方式两种，绝对方式是以各轴移到终点的绝对坐标值进行编程的，称为绝对值编程；增量方式是以各轴的位移量来编程的，称为增量值编程。

对应绝对值编程和增量值编程，有两种坐标系，即绝对坐标系和增量坐标系。绝对坐标系的参考点为坐标原点（零点），在程序运行中是固定不变的；增量坐标系的参考点是随着运动位置的变化而变化的。

二、3B 程序的格式

3B 代码是我国自行开发的一种程序代码，具有简单易学、易于实现自动编程等优点，为大多数线切割机床所支持。

程序的格式如下：

B X B Y BJ G Z

式中　B——分隔符，用以分割 X、Y、J 的数值，不可省略，3B 代码因此得名；

　　　X——X 向坐标绝对值，单位为微米（μm），数字为 0 时可不写；

　　　Y——Y 向坐标绝对值，单位为微米（μm），数字为 0 时可不写；

　　　J——计数方向上的长度，指切割路径在 X 轴或 Y 轴上的投影长度，取绝对值，单位为微米（μm）；

　　　G——计数方向，有 GX（X 向）、GY（Y 向）两种；

　　　Z——加工方式，共 12 种，其中直线 4 种，圆弧 8 种。

下面为一个程序的片段：

...

N11：B18163 B0 B18163 GX L1

N12：B14695 B10676 B14695 GX L3

N13：B5613 B17275 B17275 GY L4

N14：B14695 B10676 B14695 GX L2

N15：B14695 B10676 B14695 GX L3

...

上面的程序写了五行，每一行叫作一个程序段，用以完成一个小任务，很多行程序合起来完成一个工件的加工。其中 N 为程序段号，用以计数，可省略。程序段号数字以递增方式排列，可顺序进行，如 N1、N2、N3；也可以间隔递增方式排列，以留有修改空间，如 N10、N20、N30。程序结束符可参考机床说明书，一般以 DD 结束，表示加工程序结束。

三、直线段的编程

线切割常见的加工类型分为直线加工和圆弧加工两种，其他复杂曲线都可以用直线或圆弧来拟合，在 3B 代码中都以增量方式编程。下面对直线加工做简单介绍：

1. 加工方式

如图 2-20 所示，直线的加工方式有四种，按切割方向不同分为 L1、L2、L3、L4，L 代表直线加工，数字代表不同的方向。L1 表示由起点开始向第一象限或 X 轴正方向加工，L2 表示由起点开始向第二象限或 Y 轴正方向加工，L3 表示由起点开始向第三象限或 X 轴负方向加工，L4 表示由起点开始向第四象限或 Y 轴负方向加工。

2. X 轴、Y 轴坐标值

以直线起点为原点建立坐标系，直线终点分别在 X 轴、Y 轴方向上投影的绝对值称为 X 轴、Y 轴坐标值，以微米（μm）为单位。

在 3B 代码中，X 值、Y 值主要表示斜率，因此可等比放大或缩小，不影响加工程序。当直线与 X 轴重合时，Y 值为 0；当直线与 Y 轴重合时，X 值为 0，均可省略不写，但其分隔符不可省略。

3. 计数方向 G 的确定

计数方向分为 GX 和 GY 两种，取直线终点绝对值大的坐标轴为计数方向。

4. 计数长度 J 的确定

计数长度是指直线 OA 按计数方向在 X 轴或 Y 轴上的投影长度，以微米（μm）为单位。计数方向为 GX 时，计数长度 J 是直线 OA 在 X 轴上的投影长度 X_A；计数方向为 GY 时，计数长度 J 是直线 OA 在 Y 轴上的投影长度 Y_A，如图 2-21 所示。

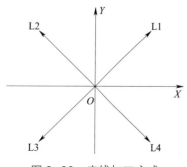

图 2-20　直线加工方式

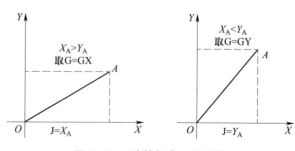

图 2-21　计数长度 J 的确定

四、编程举例

从 A 点开始，按 $A \rightarrow B \rightarrow C$ 的顺序依次加工至各点，如图 2-22 所示。

1. 编制直线 $A \rightarrow B$ 的加工程序

起点为 A，终点为 B，以微米（μm）为单位。直线 AB 在 X 轴上投影为 30000，X_B=30000；在 Y 轴上投影为 0，Y_B=0。当直线 AB 与 X 轴或 Y 轴重合时，Y 值或 X 值为 0，其数值可省略不写。此直线在 X 轴上投影较长，故取 G=GX，J=X_B=30000。直线沿 X 轴负方向，故加工指令为 L3。

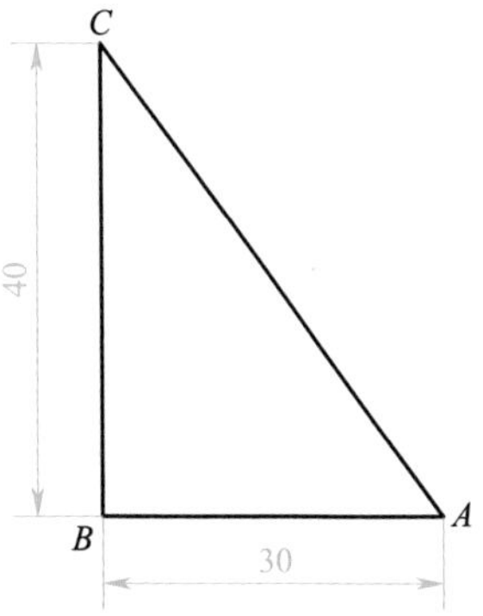

此段程序为：

B30000 B0 B30000 GX L3

因直线与 X 轴重合，Y 值为零，可省略 X 值、Y 值，程序可简写为：

B B B30000 GX L3

2. 编制直线 $B \rightarrow C$ 的加工程序

起点为 B，终点为 C。直线 BC 在 X 轴上投影为 0，X_C=0；在 Y 轴上投影为 40000，Y_C=40000。直线与 Y 轴重合，X 值为 0。此直线在 Y 轴上投影较长，故取 G=GY，J=Y_C=40000。直线沿 Y 轴正方向，故加工指令为 L2。

此段程序为：

B0 B40000 B40000 GY L2

可简写为：

B B B40000 GY L2

3. 编制直线 $C \rightarrow A$ 的加工程序

起点为 C，终点为 A。直线 CA 在 X 轴上投影为 30000，X_A=30000；在 Y 轴上投影为 40000，Y_A=40000。此直线在 Y 轴上投影较长，故取 G=GY，J=Y_C=40000。直线 CA 由起点 C 开始向第四象限加工，故加工指令为 L4。

此段程序为：

B30000 B40000 B40000 GY L4

X 值和 Y 值主要表示斜率，可等比放大或缩小，程序可简写为：

B3 B4 B40000 GY L4

图 2-22　按 $A \rightarrow B \rightarrow C$ 顺序加工

五、高速走丝线切割机床多次切割技术简介

线切割加工在一次切割中要想获得较高的加工精度是十分困难的。高速走丝线切割机

床采用了多次切割技术，既保证了切割速度，同时又能获得较高的表面质量。第一次切割采用较高的脉冲能量和加工电流，主要目的是提高加工效率。第二次、第三次切割采用精规准进行加工，主要目的是对加工表面进行修光，获得较高的表面质量和尺寸精度。

高速走丝线切割机床是我国研制的机床，由于技术原因，与低速走丝线切割机床相比，其加工精度还存在着较大的差距，主要原因是多次切割技术的实现受到了设备设计的限制。近年来，我国已成功研制出具有稳定多次切割功能的 WEDM-HS 机床，经测定，在第四次切割后，在平均加工效率为 50 mm²/min 的条件下，切割面的表面粗糙度 $Ra \leq 0.8$ μm，机床工作精度达到 0.005 mm。

WEDM-HS 机床实现多次切割工艺的技术改进措施如下：

1. 机床工作台的精度

要实现多次切割，机床工作台应具有较高的几何精度和运动精度，保证工作台能沿重复偏移轨迹进行运动。

2. 电极丝的运动及加工稳定性

由于高速走丝线切割机床的运丝速度较高，传统工艺上电极丝的张紧是通过弹簧预紧实现的，并且上、下导轮的跨距较大，导致电极丝在切割过程中由于传动和火花放电作用力的影响出现较大的振幅，使工件的精度降低。采用多次切割工艺的线切割机床对电极丝的张紧机构和走丝机构进行了改进，采用了重锤式电极丝恒张力机构（见图 2-23）和导向装置（见图 2-24），提高了电极丝的稳定性。

3. 高频电源的改进

高频电源必须适应多次切割的要求，具备多种规格的电规准参数，从而保证粗加工（第一次切割）具有较高的脉冲放电能量和切割速度，在半精加工和精加工时（第二次、第三次切割）可以达到 1 μs 以下的非常小的脉冲宽度。

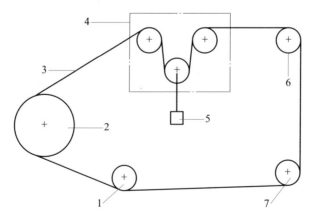

图 2-23　重锤式电极丝恒张力机构

1—惰轮　2—储丝筒　3—电极丝　4—恒张力机构　5—重锤　6—上线臂导轮　7—下线臂导轮

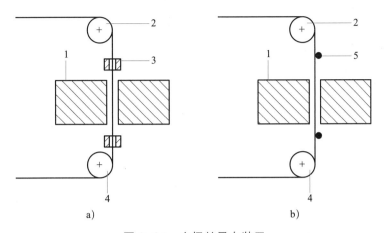

图 2-24 电极丝导向装置
a）用环形导丝器导向 b）用定位棒导向
1—工件 2—上线臂导轮 3—环形导丝器 4—下线臂导轮 5—电极丝定位棒

4. 数控系统数据库的改进

采用多次切割技术时，数控系统数据库需提供不同加工要求下的电规准参数，以便于操作人员选用。系统可以根据操作人员输入的工件材料、厚度、表面粗糙度等加工要求，自动生成切割次数、每次切割电源参数、修正量、夹持段长度、运丝速度等切割参数。

✖ 任务实施

一、分析图样

如图 2-25 所示，根据图样进行分析，按图示顺序进行加工。以图形中心为原点，则五角星各点的坐标见表 2-4。

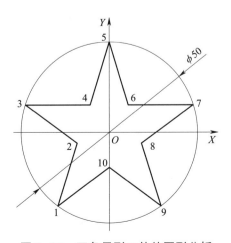

图 2-25 五角星形工件的图形分析

表2-4　五角星各点坐标

序号	坐标	序号	坐标
1	X=−14.695，Y=−20.225	6	X=5.613，Y=7.725
2	X=−9.082，Y=−2.951	7	X=23.776，Y=7.725
3	X=−23.776，Y=7.725	8	X=9.082，Y=−2.951
4	X=−5.613，Y=7.725	9	X=14.695，Y=−20.225
5	X=0，Y=25	10	X=0，Y=−9.549

💡 操作提示

1. 3B 代码为增量方式编程，注意各点坐标值的计算。

2. 电极丝从1点左侧垂直切入。

二、编制程序

根据图样，编制程序及说明如下：

N1：B20000 B0 B20000 GX L1　　　　电极丝从1点左侧垂直切入，直线起点（−34.695，−20.225），终点（−14.695，−20.225）

N2：B5613 B17274 B17274 GY L1　　　1→2，直线起点（−14.695，−20.225），终点（−9.082，−2.951）

N3：B14694 B10676 B14694 GX L2　　2→3，直线起点（−9.082，−2.951），终点（−23.776，7.725）

N4：B18163 B0 B18163 GX L1　　　　3→4，直线起点（−23.776，7.725），终点（−5.613，7.725）

N5：B5613 B17275 B17275 GY L1　　　4→5，直线起点（−5.613，7.725），终点（0，25）

N6：B5613 B17275 B17275 GY L4　　　5→6，直线起点（0，25），终点（5.613，7.725）

N7：B18163 B0 B18163 GX L1　　　　6→7，直线起点（5.613，7.725），终点（23.776，7.725）

N8：B14694 B10676 B14694 GX L3　　7→8，直线起点（23.776，7.725），终点（9.082，−2.951）

N9：B5613 B17274 B17274 GY L4　　　8→9，直线起点（9.082，−2.951），终点（14.695，−20.225）

N10: B14695 B10676 B14695 GX L2　　9→10，直线起点（14.695，-20.225），终点（0，-9.549）

N11: B14695 B10676 B14695 GX L3　　10→1，直线起点（0，-9.549），终点（-14.695，-20.225）

N12: B20000 B0 B20000 GX L3　　返回，直线起点（-14.695，-20.225），终点（-34.695，-20.225）

N13: DD　　程序结束

操作提示

1. 分隔符 B 不可省略。

2. 数值单位为微米（μm）。

三、工件加工

1. 将工件装夹到机床上，按 F4 键打开程序编辑窗编辑加工程序，如图 2-26a 所示。

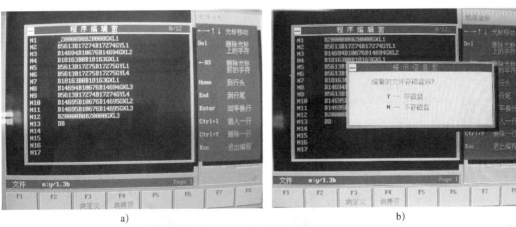

a)　　　　　　　　　　　　　　　　　b)

c)

图 2-26　程序的编辑及验证

a）打开编辑窗编辑加工程序　b）将编辑好的程序存盘　c）验证程序

2. 将编辑好的程序存盘，如图 2-26b 所示。

3. 显示程序图形并进行加工演示，以确保程序无误；若程序有误，可返回上一步进行修改，如图 2-26c 所示。

4. 检查无误后进行加工，如图 2-27 所示为加工轨迹，图 2-28 所示为加工过程。

5. 加工结束后返回，取下工件，如图 2-29 所示，图 2-30 所示为加工成品。

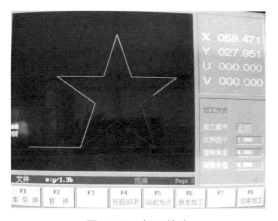

图 2-27　加工轨迹

图 2-28　加工过程

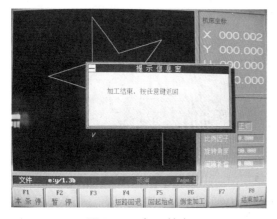

图 2-29　加工结束

图 2-30　加工成品

操作提示

1. 程序校验无误后方可进行加工。

2. 修改后的程序要注意保存。

任务三 垫片的加工

学习目标

1. 掌握工件装夹与找正的方法。

2. 能根据加工需要调入并调整程序。

3. 能加工出合格的垫片。

任务描述

本任务要求正确装夹工件，调入并调整程序，完成图2-31所示垫片的加工。毛坯尺寸为100 mm×100 mm×5 mm，材料为45钢。

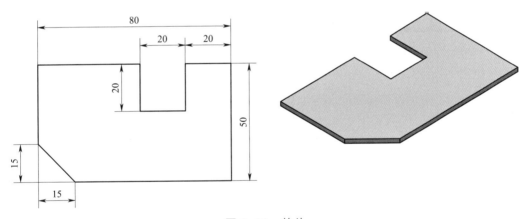

图2-31 垫片

相关理论

一、线切割常用的装夹要求

工件的装夹形式与精度对线切割加工有直接影响，应满足工件的定位要求并尽可能减小工件变形，一般有以下几点要求：

1. 待装夹的工件应符合图样要求，基准部位清洁、无毛刺。对于淬火后工件的穿丝孔处或凹模类工件扩孔的台阶处，应清除淬火时的挂渣和氧化膜层，以防止影响加工时的正常放电。

2. 夹具精度要高，装夹前先将夹具固定在工作台面上，并用百分表进行找正。

3. 防止发生干涉。夹具位置满足行程需要，加工过程中工件、夹具不与丝架碰撞。

4. 夹具位置有利于工件的找正。

5. 夹具对工件的作用力应均匀，最大限度地防止工件变形。

6. 批量生产时最好使用专用夹具，以提高生产效率。

7. 对于精密、细小、薄壁件，可先将其固定在不易变形的辅助夹具上，再进行装夹。

二、线切割常用的装夹方式

线切割常用的装夹方式如图 2-32 所示。

1. 悬臂支承装夹

如图 2-32a 所示，工件一端固定，另一端呈悬臂状。悬臂支承方式通用性强，装夹方便，但工件易变形，多用在工件精度要求不高或刚度较高的场合。

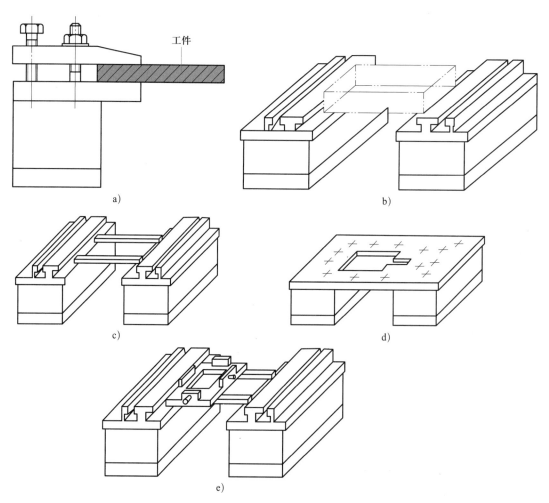

图 2-32　线切割常用的装夹方式

a）悬臂支承装夹　b）两端支承装夹　c）桥式支承装夹　d）板式支承装夹　e）复式支承装夹

2. 两端支承装夹

如图 2-32b 所示，工件两端固定在夹具上，装夹方便，支承稳定，定位精度较高，但不利于小件的装夹。

3. 桥式支承装夹

如图 2-32c 所示，采用两支承垫铁架在两端支承夹具上装夹工件，通用性强，使用方便，可用于大部分尺寸工件的装夹。

4. 板式支承装夹

如图 2-32d 所示，根据工件形状制成带孔的支承板，板上有用于定位和装夹的螺孔。这种方式装夹精度高，适用于常规与批量生产。

5. 复式支承装夹

如图 2-32e 所示，在通用夹具上装夹专用夹具，可节省装夹及找正时间，适用于大批量生产。

三、以内、外圆柱面定位装夹工件的常用方法

1. 以外圆柱面定位装夹工件

如果工件的切割方向与圆柱轴线平行，较为常见的装夹方式如图 2-33 所示。

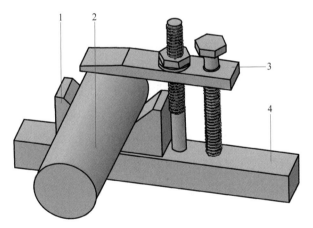

图 2-33　以外圆柱面定位装夹工件
1—V 形块　2—工件　3—压板　4—工作台

采用 V 形块定位，用压板压紧。注意，安装 V 形块时应先找正其在工作台上的位置，保证工件定位轴线平行于 Y 轴。

2. 以内圆柱面定位装夹工件

加工图 2-34 所示的圆柱形工件（毛坯为圆柱形），因为工件带有中心孔，切割时电极丝平行于工件轴线。在加工前可预先设计及制造专用夹具，如图 2-34 所示。

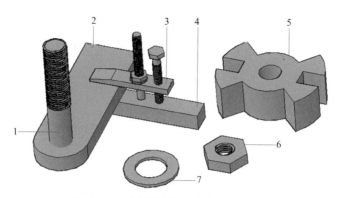

图 2-34 以内圆柱面定位装夹工件
1—定位心轴 2—夹具体底板 3—压板 4—工作台 5—工件 6—压紧螺母 7—垫圈

夹具体底板的上、下表面和侧面应进行磨削加工，以保证上、下表面的平行度。定位心轴与夹具体底板的圆柱孔可采用过渡配合，保证心轴的轴线与夹具体底板上表面的垂直度要求。心轴与工件中心孔采用间隙配合，配合精度按工件加工精度选取。

装夹时，首先对夹具体底板进行定位及找正，用压板将其压紧，对工件毛坯上、下表面和中心孔按工件加工精度要求进行粗、精加工，然后将工件毛坯装在定位心轴上，盖上垫圈，旋紧压紧螺母。因为工件的外形轮廓是对称的，可先加工一半轮廓，然后将工件翻转 180°，找正后夹紧，加工另一半轮廓。

✖ 任务实施

一、编制加工程序

根据图样要求，以垫片右下角点为坐标原点，横向向右侧外移 5 mm 处为穿丝点，编制程序及说明如下：

N1: B5000 B0 B5000 GX L3	直线起点（5，0），终点（0，0）
N2: B0 B50000 B50000 GY L2	直线起点（0，0），终点（0，50）
N3: B20000 B0 B20000 GX L3	直线起点（0，50），终点（-20，50）
N4: B0 B20000 B20000 GY L4	直线起点（-20，50），终点（-20，30）
N5: B20000 B0 B20000 GX L3	直线起点（-20，30），终点（-40，30）
N6: B0 B20000 B20000 GY L2	直线起点（-40，30），终点（-40，50）
N7: B40000 B0 B40000 GX L3	直线起点（-40，50），终点（-80，50）
N8: B0 B35000 B35000 GY L4	直线起点（-80，50），终点（-80，15）
N9: B15000 B15000 B15000 GY L4	直线起点（-80，15），终点（-65，0）
N10: B65000 B0 B65000 GX L1	直线起点（-65，0），终点（0，0）
N11: B5000 B0 B5000 GX L1	直线起点（0，0），终点（5，0）
N12: DD	程序结束

二、装夹及找正工件

工件加工前，应先将其正确安装到工作台上，使用百分表找正其位置并进行固定。

1. 安装

先将工件装夹在工作台上，用压板压住，百分表吸合在丝架上，如图 2-35 所示。

2. 压表

使百分表测头与工件侧边有一定接触，使测量杆有一定的初始测量压力，压表量为 0.3 ~ 1 mm，如图 2-36 所示。

图 2-35 工件的初步安装

图 2-36 压表

3. 调零

转动表圈，使表盘的零位刻线对准指针。轻轻拉动测量杆，拉起及放松几次，检查指针所指零位有无变化，指针零位稳定后，即可开始找正工件，如图 2-37 所示。

4. 拉表

移动工作台，使百分表表头沿工件侧边移动，观察指针摆动情况，如图 2-38 所示。

图 2-37 百分表调零

图 2-38 拉表

5. 找正

轻敲工件以找正其位置，继续沿工件侧边拉表，直到百分表指针在规定范围内摆动为止，如图 2-39 所示。

6. 压紧

工件找正后将其压紧，如图 2-40 所示。

图 2-39 找正工件

图 2-40 压紧工件

三、程序的调入、调整及工件的加工

1. 按 F3 键，输入程序名，将预先编制好的程序调入，如图 2-41 所示。

2. 按 F2 键，输入加工参数，确定加工顺序、缩放比例等，如图 2-42 所示。

3. 按 F8 键加工工件，加工轨迹如图 2-43 所示。

4. 完成工件加工，卸下工件，清理机床。如图 2-44 所示为加工成品。

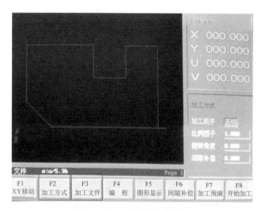

图 2-41 程序的调入

图 2-42 加工方式的选择

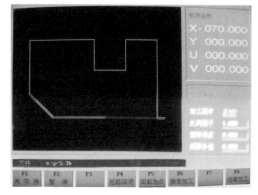

图 2-43 加工轨迹

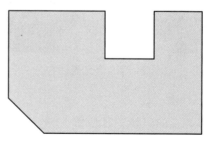

图 2-44 加工成品

1. 百分表应维持一定的压表量，即保证测头与工件被测表面接触。调零前应确定指针稳定。

2. 为保证百分表的使用寿命并确保测量准确，应在工件预加工好的光滑表面上拉表。

任务四 直角凹模的制作

📖 学习目标

1. 能根据需要确定穿丝孔的位置和走丝方向。
2. 掌握间隙补偿的方法。
3. 能加工直角凹模工件。

⚙️ 任务描述

本任务要求加工图 2-45 所示的直角凹模工件。毛坯尺寸为 100 mm×100 mm×5 mm，材料为 45 钢，已完成六个外表面和穿丝孔的预加工。

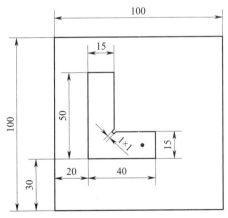
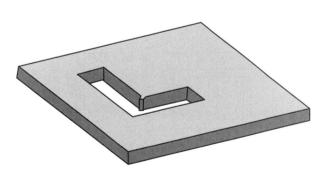

图 2-45 直角凹模工件

📚 相关理论

一、穿丝孔的加工

在工件加工过程中，为保证工件的完整性，减小加工变形，往往需要先加工出穿丝孔（工件上预先加工好用来穿过电极丝的小孔）并选择合理的加工路线，为保证工件尺寸符合要求，还需要设置间隙补偿参数。

加工凹形封闭工件时，为保证工件的完整性，必须预先加工出穿丝孔。加工凸形工件时，为防止工件变形，一般也要加工穿丝孔。

切割中、小型凹形工件时，穿丝孔可选在工件中心，以便于坐标轨迹的计算和加工定位。切割大型凹形工件时，为缩短加工路径，节约工时，穿丝孔可选在加工起始点附近。

当以穿丝孔作为加工基准进行定位时，穿丝孔的精度直接影响加工精度，应保证其精度等于或高于工件要求的精度。

二、切割路线的选择

在加工中，工件内部残余应力的相对平衡受到破坏后，会引起工件的变形，所以在选择切割路线时应注意以下几个方面：

1. 尽量采用穿丝孔

切割路线从毛坯中预制的穿丝孔开始，由远离夹持部位向靠近夹持部位，按顺序进行切割，将靠近工件夹持位置的部分安排在切割路线的末端。如图 2-46a 所示为采用从工件端面开始由内向外切割的方案，变形最大，不可取。图 2-46b 所示为从工件端面开始切割，然后其加工路线由外向内，比图 2-46a 所示的方案安排合理，但是仍有变形。图 2-46c 所示的切割起点取在毛坯预制的穿丝孔中，且由外向内切割，变形最小，是最合适的加工方案。

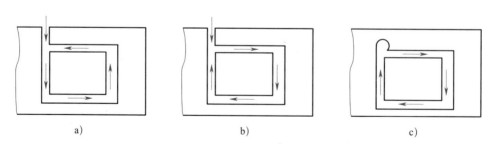

图 2-46　切割起点和切割线路的选择
a）错误的方案　b）可用的方案　c）最合适的方案

2. 分别加工多个工件

在一块毛坯上要切出两个以上的工件时，不应连续一次切割出来，而应从该毛坯的不同预制穿丝孔开始加工，如图 2-47 所示。

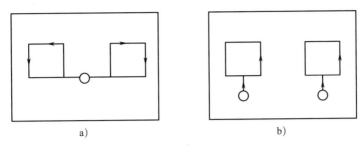

图 2-47　在一块毛坯上切出两个以上工件

a）错误方案，从同一个穿丝孔加工　b）正确方案，从不同穿丝孔开始加工

三、补偿值的确定

线切割加工时以电极丝作为工具电极，因为电极丝具有一定的直径，加工时会产生一定的放电间隙，所以，加工时工件的加工轮廓与电极丝中心轨迹之间存在一定的向材料内的偏移量，如图 2-48 所示。为保证加工后工件尺寸符合图样要求，电极丝中心轨迹应预先向材料外（凸模向轮廓外侧，凹模向轮廓内侧）偏移一定的值，这个偏移值叫作间隙补偿量。

间隙补偿量 = 电极丝半径 + 放电间隙

提示：这里的间隙补偿量是根据图样要求选取的，在模具生产中，还要考虑凸模和凹模的配合间隙。配合间隙根据模具种类和加工材料的不同选取。

间隙补偿量可以在编写程序时加入，也可以在加工时通过机床自动补偿。

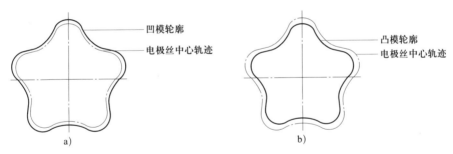

图 2-48　电极丝中心轨迹与工件轮廓的偏移

a）凹模　b）凸模

四、间隙补偿量的计算方法

1. 加工冲孔模具的间隙补偿

冲孔模具要求冲后保证孔的尺寸，所以凸模尺寸应由被加工孔的尺寸确定，应在凹模上减去凸模和凹模间的单边配合间隙 $\delta_{配}$。

间隙补偿量按下式计算：

$$f_{凸} = r_{丝} + \delta_{电} \tag{2-1}$$

$$f_{凹} = r_{丝} + \delta_{电} - \delta_{配} \tag{2-2}$$

式中 $f_凸$——凸模间隙补偿量，mm；

$r_丝$——电极丝半径，mm；

$\delta_电$——电极丝与工件之间的单边放电间隙，mm；

$f_凹$——凹模间隙补偿量，mm；

$\delta_配$——凸模和凹模间的单边配合间隙，mm。

2. 加工落料模具的间隙补偿

落料模具要求冲后保证冲下工件的尺寸，所以凹模尺寸应由工件的尺寸确定，应在凸模上减去凸模和凹模间的单边配合间隙$\delta_配$。

间隙补偿量按下式计算：

$$f_凸=r_丝+\delta_电-\delta_配 \tag{2-3}$$

$$f_凹=r_丝+\delta_电 \tag{2-4}$$

例 2-1 编制加工图 2-49 所示工件的凹模程序，此模具是落料模具，电极丝直径为 0.16 mm，穿丝点为工件对称中心，单边放电间隙 $\delta_电=0.01$ mm。

（1）间隙补偿量

由于该模具为落料模具，因此由式（2-4）计算其间隙补偿量。

$$f_凹=r_丝+\delta_电$$
$$=0.08\ mm+0.01\ mm$$
$$=0.09\ mm$$

（2）考虑间隙补偿时编程节点的计算

在编程时，如不考虑间隙补偿问题可按照图形轮廓直接编程，然后通过机床系统设定间隙补偿量进行加工。

如在编程时考虑间隙补偿问题，则要先计算

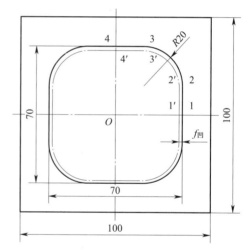

图 2-49 落料模具零件图

加工路线中各编程节点的坐标值，然后按切割路线轨迹的坐标值编制程序。

$1'$ 点相对于 O 点的增量坐标为：

$$X_{1'}=X_1-f_凹=35\ mm-0.09\ mm=34.91\ mm$$

$$Y_{1'}=Y_1=0$$

$2'$ 点相对于 $1'$ 点的增量坐标为：

$$X_{2'}=0$$

$$Y_{2'}=Y_2=15\ mm$$

$2'$ 点在切割圆弧时相对于圆弧中心的坐标为：

$$X_{2'}=X_2-f_凹=20 \text{ mm}-0.09 \text{ mm}=19.91 \text{ mm}$$

$$Y_{2'}=Y_2=0$$

$$R'=R-f_凹=20 \text{ mm}-0.09 \text{ mm}=19.91 \text{ mm}$$

3′点在切割圆弧时相对于圆弧中心的坐标为：

$$X_{3'}=0$$

$$Y_{3'}=R-f_凹=20 \text{ mm}-0.09 \text{ mm}=19.91 \text{ mm}$$

可根据相同的原理计算其余各点的坐标。

⚒ 任务实施

一、编写加工程序

根据图 2-45 所示，以图中黑点处（距图形内轮廓右侧边和上边均为 7.5 mm）为穿丝点，以该点作为编程原点，沿逆时针方向完成直角凹模工件的加工，编制程序及说明如下：

N1：B7500 B7500 B7500 GY L1	直线起点（0，0），终点（7.5，7.5）
N2：B24293 B0 D24293 GX L3	直线起点（7.5，7.5），终点（-16.793，7.5）
N3：B707 B707 B707 GY L3	直线起点（-16.793，7.5），终点（-17.5，6.793）
N4：B707 B707 B707 GY L2	直线起点（-17.5，6.793），终点（-18.207，7.5）
N5：B707 B707 B707 GY L1	直线起点（-18.207，7.5），终点（-17.5，8.207）
N6：B0 B34293 B34293 GY L2	直线起点（-17.5，8.207），终点（-17.5，42.5）
N7：B15000 B0 B15000 GX L3	直线起点（-17.5，42.5），终点（-32.5，42.5）
N8：B0 B50000 B50000 GY L4	直线起点（-32.5，42.5），终点（-32.5，-7.5）
N9：B40000 B0 B40000 GX L1	直线起点（-32.5，-7.5），终点（7.5，-7.5）
N10：B0 B15000 B15000 GY L2	直线起点（7.5，-7.5），终点（7.5，7.5）
N11：B7500 B7500 B7500 GY L4	直线起点（7.5，7.5），终点（0，0）
N12：DD	程序结束

二、加工工件

1. 将工件装夹到工作台上并找正，如图 2-50 所示。

2. 将丝架移到穿丝孔上方，并将电极丝从穿丝孔中穿过，如图 2-51 所示。

3. 调入程序，输入间隙补偿量 0.1 mm，如图 2-52 所示。

4. 选择加工类别和加工路径方向，如图 2-53 所示。

5. 进行加工，加工轨迹如图 2-54 所示。

6. 加工完毕，关机后清理机床。加工成品如图 2-55 所示。

图 2-50　工件的装夹

图 2-51　将电极丝从穿丝孔中穿过

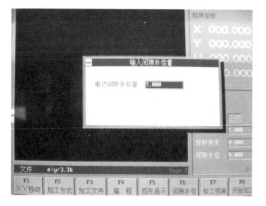

图 2-52　输入间隙补偿量

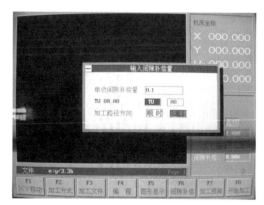

图 2-53　选择加工类别和加工路径方向

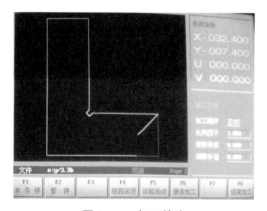

图 2-54　加工轨迹

图 2-55　加工成品

项目三
弧形轮廓工件的线切割加工

任务一   汽车模型的制作

学习目标

1. 掌握圆弧加工程序的编制方法，能正确编制程序。
2. 能加工汽车模型。

任务描述

本任务要求编制程序，并加工图 3-1 所示的由弧形轮廓构成的汽车模型。毛坯尺寸为 230 mm×150 mm×2 mm，材料为 45 钢。

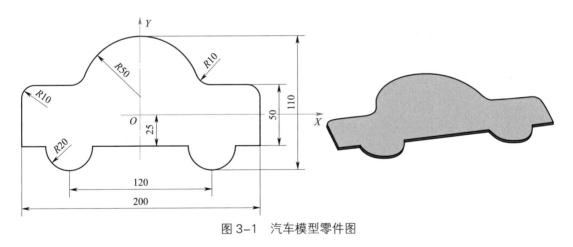

图 3-1 汽车模型零件图

相关理论

一、圆弧编程指令

1. 加工方式

圆弧的加工方式有八种，按起点位置不同可分为 R1、R2、R3、R4，R 代表圆弧加工，数字代表起点位置所在的象限数，R1 表示起点位于第一象限，R2 表示起点位于第二象限，R3 表示起点位于第三象限，R4 表示起点位于第四象限；按切割走向不同可分为顺圆 S 和逆圆 N，如图 3-2 所示。

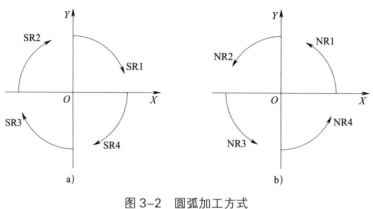

图 3-2　圆弧加工方式
a）顺圆　b）逆圆

2. X 轴、Y 轴坐标值

以圆弧圆心为原点建立坐标系，圆弧起点坐标的绝对值为 X 轴、Y 轴坐标值，以微米（μm）为单位，不允许简化。

3. 计数方向 G

计数方向分为 GX 和 GY 两种，取圆弧终点坐标绝对值小的坐标轴为计数方向，这一点与直线编程不同。

4. 计数长度 J

计数长度是圆弧按计数方向在 X 轴或 Y 轴上的投影长度，以微米（μm）为单位。计数方向为 GX 时，计数长度 J 是圆弧在 X 轴上的投影长度；计数方向为 GY 时，计数长度 J 是圆弧在 Y 轴上的投影长度。当圆弧跨几个象限时，取几个象限上的投影和作为计数长度。如图 3-3 所示的计数长度为 J1+J2+J3（顺时针加工）。

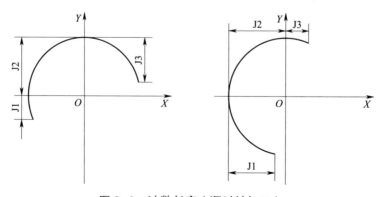

图 3-3　计数长度（顺时针加工）

二、编程举例

如图 3-4 所示，编制圆弧 AB 的加工程序。已知圆弧半径 $R=30$ mm，起始角为 260°，结束角为 30°。

A 点坐标：X=-5.209，Y=-29.544

B 点坐标：X=25.981，Y=15

圆弧 AB 为顺时针圆弧，起点在第三象限，故加工方式为 SR3。终点靠近 X 轴，计数方向为 GY，计数长度 J 取 Y 向上的投影和，其值为 29.544 mm+30 mm+15 mm=74.544 mm。X 值为 5209，Y 值为 29544，单位为微米（μm）。编制程序如下：

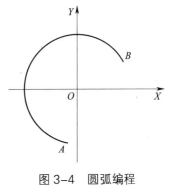

图 3-4　圆弧编程

B5209 B29544 B74544 GY SR3

三、加工有尺寸精度要求的工件编程方法

在工件设计中，重要的形状尺寸或位置尺寸一般有加工精度要求，在零件图上用公差标注。根据对线切割工件加工尺寸的统计，工件加工后的实际尺寸大部分是在公差带的中值附近。因此，对有公差要求的尺寸宜采用最大极限尺寸与最小极限尺寸的平均尺寸（中值尺寸）作为编程尺寸。

$$D_{平均}=D_{基本}+\frac{\mathrm{ES}(\mathrm{es})+\mathrm{EI}(\mathrm{ei})}{2}$$

例 3-1 采用线切割加工图 3-5 所示的工件。

分析图 3-5，凹模左边半圆的尺寸有公差要求，公称尺寸为 60 mm，上极限偏差为 +0.03 mm，下极限偏差为 0。凹模右边直线段的尺寸有公差要求，公称尺寸为 40 mm，上极限偏差为 +0.03 mm，下极限偏差为 0。

由于工件形状以 X 轴对称，因此，在编写程序时按照工艺基准与设计基准重合的原则，将穿丝孔选在工件毛坯的中心，起始加工路线沿 X 轴向右。

从 0 点到 1 点，1 点的坐标为（20，0）。

从 1 点到 2 点，因尺寸有公差要求，2 点的编程增量坐标应取（0，20.007 5）。

从 2 点到 3 点，3 点的编程增量坐标应取（20，0）。

从 3 点到 4 点，由于线段 34 的尺寸 A_{34} 与线段 05 和 12 的尺寸 A_{05}、A_{12} 构成尺寸链，因此，应通过解算尺寸链求出 4 点的上、下极限偏差，如图 3-6 所示。通过尺寸链计算得到 A_{34} 的公称尺寸为 10 mm，上极限偏差为 +0.015 mm，下极限偏差为 -0.015 mm，编程时 A_{34} 取中值尺寸，4 点增量坐标为（0，10）。

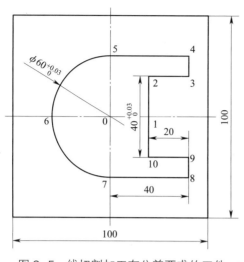

图 3-5　线切割加工有公差要求的工件

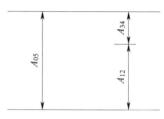

图 3-6　尺寸链分析

从 4 点到 5 点，5 点的增量坐标为（-40，0）。5 点相对于起始位置 0 点的相对坐标为（0，30.007 5），由于 A_{05} 的上极限偏差为 +0.015 mm，下极限偏差为 0，因此中值尺寸为 30.007 5 mm，正是圆弧半径的中值尺寸。切割圆弧时半径应选择 30.007 5 mm。

7 → 8 → 9 → 10 → 1 的编程取值不再赘述。

⚙ 任务实施

以图 3-1 的坐标原点为编程原点，左下角向左侧外移 10 mm 处为切割起点，逆时针加工编制程序及说明如下：

N1: B10000 B0 B10000 GX L1　　　　　　直线起点（-110，-25），终点（-100，-25）

N2: B0 B40000 B40000 GY L2　　　　　　直线起点（-100，-25），终点（-100，15）

N3: B10000 B0 B10000 GX SR2　　　　　圆弧起点（-100，15），终点（-90，25），圆心（-90，15）

N4: B33431 B0 B33431 GX L1　　　　　　直线起点（-90，25），终点（-56.569，25）

N5: B0 B10000 B6667 GY NR4　　　　　　圆弧起点（-56.569，25），终点（-47.141，31.667），圆心（-56.569，35）

N6: B47141 B16667 B66666 GY SR2　　　圆弧起点（-47.141，31.667），终点（47.141，31.667），圆心（0，15）

N7: B9428 B3333 B9428 GX NR3　　　　　圆弧起点（47.141，31.667），终点（56.569，25），圆心（56.569，35）

N8: B33431 B0 B33431 GX L1　　　　　　直线起点（56.569，25），终点（90，25）

N9：B0 B10000 B10000 GY SR1　　　　圆弧起点（90，25），终点（100，15），圆心（90，15）

N10：B0 B40000 B40000 GY L4　　　　直线起点（100，15），终点（100，-25）

N11：B20000 B0 B20000 GX L3　　　　直线起点（100，-25），终点（80，-25）

N12：B20000 B0 B40000 GY SR4　　　　圆弧起点（80，-25），终点（40，-25），圆心（60，-25）

N13：B80000 B0 B80000 GX L3　　　　直线起点（40，-25），终点（-40，-25）

N14：B20000 B0 B40000 GY SR4　　　　圆弧起点（-40，-25），终点（-80，-25），圆心（-60，-25）

N15：B20000 B0 B20000 GX L3　　　　直线起点（-80，-25），终点（-100，-25）

N16：B10000 B0 B10000 GX L3　　　　直线起点（-100，-25），终点（-110，-25）

N17：DD　　　　程序结束

加工成品如图3-7所示。

图3-7　加工成品

任务二　复合模工件的加工

学习目标

1. 掌握用ISO代码编程的方法。

2. 能完成跳步模的加工。

3. 掌握短路回退等处理方法。

任务描述

编制线切割加工程序时，除使用 3B 代码外，还可采用国际通用的 ISO 代码，ISO 指令是国际标准化组织制定的用于数控加工的一种标准指令。本任务要求使用 ISO 代码编制程序，并完成图 3-8 所示复合模工件的加工。毛坯尺寸为 80 mm×80 mm×10 mm，材料为 45 钢。

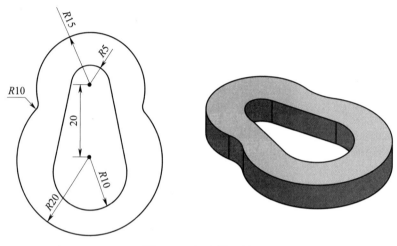

图 3-8   复合模工件

相关理论

一、ISO 代码编程格式

ISO 代码是国际通用程序格式，用 ISO 代码编制的程序也是由多个程序段组成的，每个程序段由若干代码字组成，每个代码字由一个地址（用字母表示）和带符号或不带符号的数字组成，例如：

...

G01 X29600 Y0；

G03 X300 Y300 I0 J300；

G01 X0 Y4604；

G02 X96 Y100 I100 J0；

G03 X0 Y10193 I-196 J5096；

...

其中每一行，如"G01 X29600 Y0；"就是一个程序段，"G01"是一个程序字，G 是地址，01 是数字组合。

每个程序都有一个程序号，写在程序开始位置，格式为 O、P、% 等字符后加四位数字，数字范围为 0001 ~ 9999，如 O0001、P1000、%8735 等。

G 代码称为准备功能，M 代码称为辅助功能，此外还有 T 代码，它与机床面板上的开关对应，用于控制电极丝的启停、工作液的开关等。

表 3-1 所列为常用 G 代码及其功能，表 3-2 所列为常用 M 代码及其功能，表 3-3 所列为常用 T 代码及其功能。

表 3-1　常用 G 代码及其功能

G 代码	组	功能	G 代码	组	功能
*G00	01	快速点定位	*G40	07	取消间隙补偿
G01	01	直线插补	G41	07	左刀补
G02	01	顺圆插补	G42	07	右刀补
G03	01	逆圆插补	G50	07	取消电极丝倾斜
G04	00	暂停延时	G51	08	电极丝左倾
G20	06	英制单位	G52	08	电极丝右倾
*G21	06	公制单位	G90	03	绝对值编程
G28	00	回参考点	G91	03	增量值编程
G30	00	回加工原点	G92	00	工件坐标系指定

注：1. 00 组为非模态代码，只在本程序段内有效。其他组为模态代码，一次指定持续有效，直至被本组其他代码取代。

2. 有 * 标记的代码是系统通电后默认的代码。

表 3-2　常用 M 代码及其功能

M 代码	功能	M 代码	功能
M00	程序暂停执行	M30	程序结束并返回开始
M01	程序有选择地暂停	M98	子程序调用
M02	程序结束	M99	子程序结束并返回

表 3-3　常用 T 代码及其功能

T 代码	功能	T 代码	功能
T80	电极丝送进	T86	加工介质喷淋
T81	电极丝停止送进	T87	加工介质停止喷淋
T82	加工介质排液	T90	切断电极丝
T83	保持加工介质	T91	电极丝穿丝
T84	液压泵打开	T96	向加工槽送液
T85	液压泵关闭	T97	停止向加工槽送液

数控线切割与数控轮廓铣削比较相似，需特别说明的有以下几点：

1. 线切割机床只能在 XOY 平面进行加工，XOY 平面选择的代码指令 G17 一般已在机床内部设定，可不写。没有 Z 向加工，故线切割程序中不可能出现 Z 坐标值。

2. R 代码被用于加工锥度时表示转角半径信息，故圆弧插补指令中只能以 I、J 格式表示圆心信息，不可再用 R 代码表示圆弧半径。

3. F 代码用于指定进给速度，其单位为 ×0.01 mm/min（米制），或 ×0.000 1 in/min（英制），例如，取米制单位时，F20 的含义是每分钟进给 20×0.01 mm=0.2 mm。

4. T 代码用于指定锥度加工中电极丝的倾斜角度，而不再表示刀具号。

5. 不同系统中 G 代码的含义并不完全相同。

二、常用指令格式及说明

1. 直线插补指令 G01

指令格式：G01 X__ Y__；

电极丝沿直线方式插补到目标点。

2. 圆弧插补指令 G02/G03

指令格式：G02/G03 X__ Y__ I__ J__；

G02 为顺时针圆弧插补指令，G03 为逆时针圆弧插补指令。

式中　X__、Y__——圆弧终点坐标；

I__、J__——圆心坐标相对于圆弧起点坐标的增量值，I__ 为 X 向的增量坐标值，J__ 为 Y 向的增量坐标值。

3. 绝对值编程 G90

程序段中的编程数值按绝对坐标值给定。

4. 增量值编程 G91

程序段中的编程数值按增量坐标值给定，坐标值为程序段终点绝对坐标值减起点绝对坐标值。

5. 程序暂停执行 M00

程序执行到本段自动停止，须重新启动才能继续加工。

6. 程序有选择地暂停 M01

程序执行到本段时，需在机床上选择停止按钮有效时方停止；否则继续加工。

三、非圆形型孔凹模的传统机械加工方法

非圆形型孔凹模的传统机械加工方法工艺较为复杂，劳动强度大，精度不易保证。加工图 3-9 所示凹模中非圆形型孔时，常用的加工方法是将毛坯锻造成矩形，加工各平面后进行

划线，再去除型孔中心的余料，最终得到合格的凹模。在加工工序中，若不采用线切割加工方法，去除型孔中心余料的方法较烦琐。目前，在加工非圆形型孔凹模时，只有在用线切割加工受到尺寸限制或缺少线切割加工设备的情况下才采用传统机械加工方法进行加工。

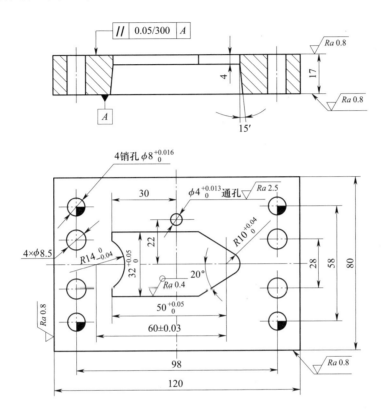

图 3-9　非圆形型孔凹模

1. 非圆形型孔凹模去除余料的常用工艺方法

（1）如图 3-10 所示，首先沿型孔轮廓线内侧顺次钻若干小孔，然后将孔两边的连接部分錾断，从而去除余料。

（2）在型孔的转折处钻孔，用带锯机沿型孔轮廓线将余料切除，这种加工方法生产效率高。

（3）用气割方法去除型孔内部的余料，主要应用在凹模尺寸较大时。

切割时型孔应留有足够的加工余量。切割后的凹模毛坯应进行退火，以便进行后续加工。

2. 凹模轮廓的精加工方法

（1）采用立式铣床或万能工具铣床加工型孔

铣削时按型孔轮廓线手动操作铣床工作台纵向、

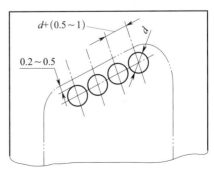

图 3-10　沿型孔轮廓线钻孔

横向运动进行加工。这种方法对操作人员的技术水平要求高，劳动强度大，加工精度低，生产效率低，加工后钳工修整工作量大。

（2）仿形铣削

在仿形铣床上采用平面轮廓仿形，对型孔进行半精加工或精加工，其加工精度较高，但需制造靠模，工艺复杂。

（3）数控加工

用数控铣床或加工中心加工型孔，容易获得比仿形铣削更高的加工精度。不需要制造靠模，通过数控程序使加工过程实现自动化，可降低对操作人员技术水平的要求，而且使生产效率得到提高。

✖ 任务实施

一、编写加工程序

确定穿丝孔位置，如图 3-11 所示，走丝顺序为 $A \to 1 \to 2 \to 3 \to 4 \to 1 \to A \to B \to 5 \to 6 \to 7 \to 8 \to 9 \to 5 \to B$。

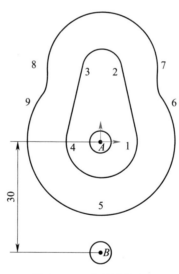

图 3-11 穿丝孔位置

根据图样，编制程序如下：

N10 G92 X0 Y0；   定位起割点 A

N20 G01 X9682 Y2500； $A \to 1$（调入程序时再设置间隙补偿量）

N30 G01 X4841 Y21250； $1 \to 2$

N40 G03 X-4841 Y21250 I-4841 J-1250； $2 \to 3$

N50 G01 X-9682 Y2500；　　　　　　　　　　3→4

N60 G03 X9682 Y2500 I9682 J-2500；　　　　4→1

N70 G01 X0 Y0；　　　　　　　　　　　　　1→A（返回起割点A）

N80 M00；　　　　　　　　　　　　　　　　程序暂停

N90 G01 X0 Y-30000；　　　　　　　　　　　A→B（定位起割点B）

N100 G01 X0 Y-20000；　　　　　　　　　　　B→5（调入程序时再设置间隙补

　　　　　　　　　　　　　　　　　　　　　　偿量）

N110 G03 X16536 Y11250 I0 J20000；　　　　5→6

N120 G02 X14882 Y18125 I8268 J5625；　　　6→7

N130 G03 X-14882 Y18125 I-14882 J1875；　 7→8

N140 G02 X-16536 Y11250 I-8047 J-1250；　 8→9

N150 G03 X0 Y-20000 I0 J-11250；　　　　　 9→5

N160 G01 X0 Y-30000；　　　　　　　　　　　返回起割点B

N170 M02；　　　　　　　　　　　　　　　　程序结束

二、加工工件

1. 将工件装夹到工作台上并找正，如图3-12所示。

2. 将丝架移到穿丝孔上方，将电极丝从穿丝孔中穿过，如图3-13所示。

图3-12　装夹工件

图3-13　将电极丝从穿丝孔中穿过

3. 输入凹模间隙补偿值，先加工工件内部轮廓，如图3-14所示。

4. 内部轮廓加工结束后，将电极丝抽出，如图3-15所示。

5. 移动丝架位置，输入凸模间隙补偿值，加工工件外部轮廓，如图3-16所示。

6. 完成工件的加工，加工成品如图3-17所示。关闭机床电源，清理机床并加油保养。

图 3-14 加工工件内部轮廓

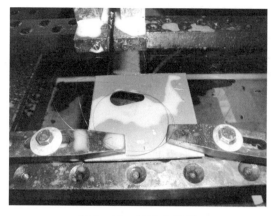

图 3-15 抽出电极丝

图 3-16 加工工件外部轮廓

图 3-17 加工成品

项目四
工件的自动编程线切割加工

任务　对刀样板的加工

学习目标

1. 掌握基本绘图方法，能绘制线切割加工图形，并查询特征点的坐标。

2. 能生成合理的加工轨迹，根据加工情况选择合适的偏移量。

3. 掌握程序自动生成方法。

4. 能利用软件校验程序。

任务描述

对刀样板是车工磨刀时用于测量刀具角度的工具。本任务要求加工图 4-1 所示的对刀样板，毛坯尺寸为 50 mm × 30 mm × 3 mm，材料为 45 钢。

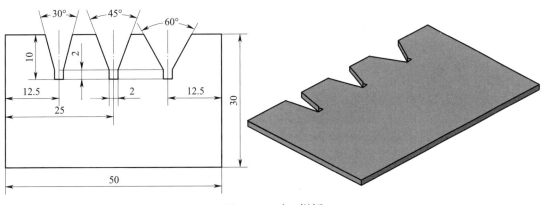

图 4-1　对刀样板

📖 相关理论

一、自动编程的特点及软件简介

1. 自动编程的特点

自动编程是指在计算机和相应软件系统的支持下自动生成数控程序的过程。自动编程又称计算机（或编程机）辅助编程，即程序编制过程的大部分或全部工作由计算机完成。例如，自动完成坐标值计算、编写加工程序单等，有时甚至能帮助进行工艺处理。用自动编程功能编出的程序还可通过计算机或自动绘图仪进行刀具运动轨迹的检查，编程人员可以及时检查程序是否正确，并及时做出修改。自动编程大大减轻了编程人员的劳动强度，将效率提高几十倍乃至上百倍；同时，解决了用手工编程无法解决的许多复杂工件的编程难题。

自动编程的不足之处如下：大多数情况下编制的数控程序字节非常多，占用了机床系统较大的内存；因程序较长，修改及检查比较烦琐；具有一定的局限性，在一些加工情况下不能灵活编制出适用的数控程序。

2. 自动编程软件简介

现已有多款线切割编程软件可提供快速、高效、高品质的数控编程代码，目前常见的线切割编程软件有 Mastercam Wire、KS 线切割编程系统、WinCUT 线切割控制系统、Autop 线切割编程系统、CAXA 线切割软件。

这些编程软件有些专为线切割加工开发，有些则采用模块式设计。例如，集二维绘图、三维曲面和实体设计、数控自动编程及加工模拟于一体的 Mastercam 软件以三维图形设计为基础模块，添加线切割编程及加工功能的 Wire 模块，由 Design 模块来完成设计（CAD）工作，Wire 模块来完成加工（CAM）工作。CAXA 线切割软件则是由北航海尔软件有限公司开发的具有完全自主知识产权的 CAXA 系列软件之一，它的图形绘制工作由 CAXA 电子图板完成，在此基础上添加线切割功能模块，实现轨迹绘制及代码生成功能。

二、CAXA 线切割软件界面介绍

CAXA 线切割软件为全中文界面，适应中国人的思维方式，使用方便，具有绘图设计、加工代码生成、联机通信、仿真加工等功能，集图样设计和代码编程于一体。

启动 CAXA 线切割软件即可进入绘图工作界面，如图 4-2 所示，它主要包括标题栏、菜单系统、工具栏、状态栏等部分，屏幕中间为绘图区。

1. 标题栏

标题栏位于窗口最上端，用来显示当前文件的文件名和当前软件版本。

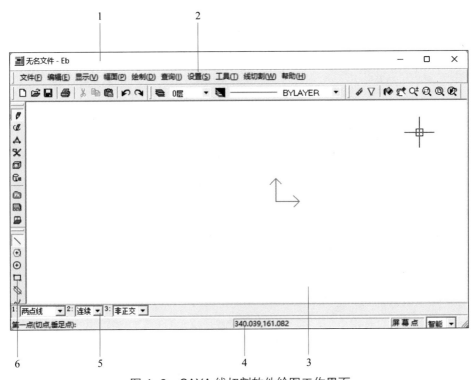

图 4-2 CAXA 线切割软件绘图工作界面

1—标题栏 2—主菜单 3—绘图区 4—状态栏 5—立即菜单 6—工具栏

2. 菜单系统

菜单系统包括主菜单、立即菜单、工具菜单、快捷菜单等。

（1）主菜单

主菜单位于窗口顶部，由一行菜单条及其子菜单构成。主菜单的菜单条包括文件（F）、编辑（E）、显示（V）、幅面（P）、绘制（D）、查询（I）、设置（S）、工具（T）、线切割（W）、帮助（H）等项。用鼠标左键单击每一项都会出现一个下拉菜单，如图 4-3 所示。

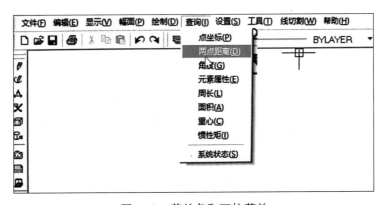

图 4-3 菜单条和下拉菜单

（2）立即菜单

单击绘图工具栏中任一按钮，系统会弹出一个立即菜单，例如，单击"绘制直线"按钮 ＼，就会弹出图4-4所示的立即菜单，可以选择直线类型和绘制方式。

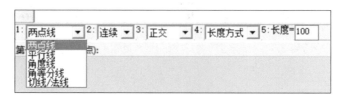

图4-4　立即菜单

（3）工具菜单

工具菜单包括点工具菜单和拾取工具菜单两种，如图4-5所示。在绘制状态下需要输入特征点时，按下空格键，可调出点工具菜单。在拾取状态下按下空格键，可调出拾取工具菜单。

（4）快捷菜单

在不同状态下单击鼠标右键可弹出快捷菜单，例如，拾取某个图形元素后单击鼠标右键，出现图4-6所示的快捷菜单。

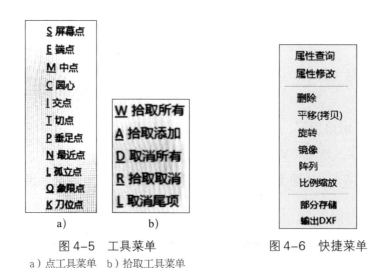

图4-5　工具菜单
a）点工具菜单　b）拾取工具菜单

图4-6　快捷菜单

3. 工具栏

工具栏中的每一个按钮对应一个菜单中的命令，将鼠标在按钮图标上停留片刻，系统将出现该按钮的功能提示。单击按钮时，开始执行相应的操作功能。如图4-7所示，系统默认显示工具栏为"标准"工具栏、"属性"工具栏、"绘制工具"工具栏、"常用"工具栏、"基本曲线"工具栏等，其他工具栏可在"设置（S）"→"自定义"中选择显示。

图 4-7 系统默认工具栏

4. 状态栏

状态栏位于窗口最底端，如图 4-8 所示，显示系统的当前状态。

图 4-8 状态栏

状态栏共分为四个区域，由左至右的功能依次如下：

（1）命令提示区

提示当前命令的执行情况或用户下一步应进行的操作。

（2）当前数值显示区

显示当前元素点坐标或参数。

（3）点工具菜单提示区

显示工具菜单的状态，即当前可捕捉的特征点性质或元素拾取方式。

（4）点捕捉状态设置区

显示及设置点的捕捉状态，有自由、智能、栅格、导航四种状态，可用 F6 键进行切换。

5. 绘图区

绘图区是指屏幕中间的大面积区域，用于绘图及显示图形。

✖ 任务实施

一、绘制图形

1. 打开 CAXA 线切割软件，选择主菜单中的"绘制（D）"→"基本曲线（B）"→"矩形（R）"选项，输入尺寸，绘制 50 mm×30 mm 的矩形，如图 4-9 所示。

2. 选择主菜单中的"绘制（D）"→"曲线编辑（E）"→"平移（M）"选项，设置"给定偏移"和"拷贝"，复制矩形上边框并向下偏移 10 mm，得到凹槽深度线，如图 4-10 所示。

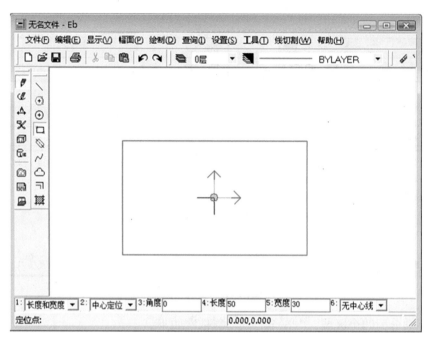

图 4-9　绘制矩形

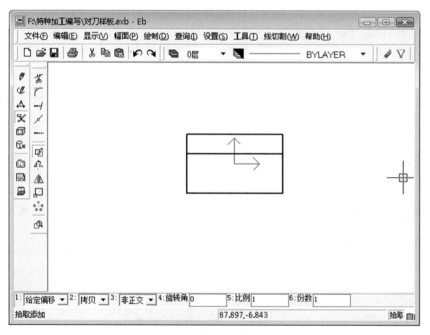

图 4-10　绘制凹槽深度线

3. 用同样的方法绘制三组相距为 2 mm 的竖直平行线和一条距凹槽深度线 2 mm 的平行线，如图 4-11 所示。

4. 选择主菜单中的"绘制（D）"→"曲线编辑（E）"→"裁剪（T）"选项，剪掉多余的线段，如图 4-12 所示。

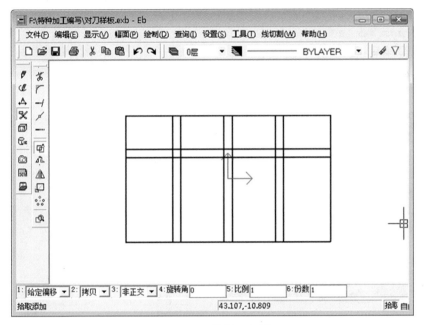

图 4-11 绘制平行线

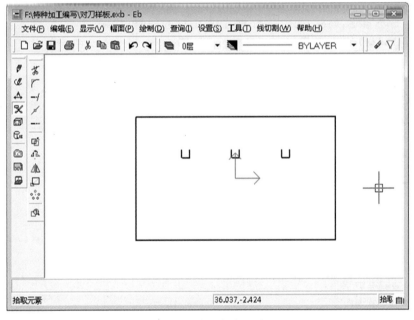

图 4-12 剪掉多余的线段

5. 选择主菜单中的"绘制（D）"→"基本曲线（B）"→"直线（L）"选项，在弹出的立即菜单中选择"角度线"，按图 4-1 所示输入角度值 30°、45°、60°，绘制角度线，如图 4-13 所示。

6. 选择主菜单中的"绘制（D）"→"曲线编辑（E）"→"裁剪（T）"选项，将多余的线段剪掉，即得所需图形，如图 4-14 所示。

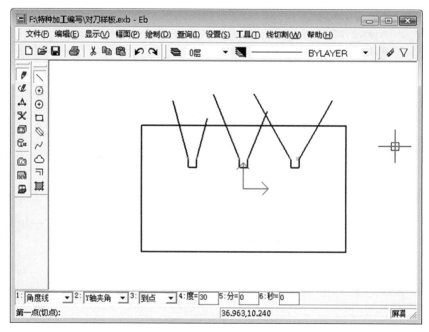

图 4-13　绘制角度线

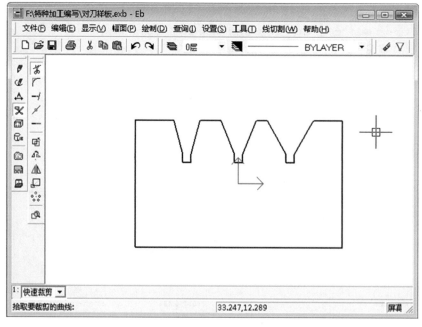

图 4-14　完成所需图形

操作提示

1. 绘图时尺寸应正确。

2. 注意工具菜单的应用。

3. 注意保存文件。

二、生成加工轨迹

1. 选择主菜单中的"线切割（W）"→"轨迹生成（G）"选项，弹出"线切割轨迹生成参数表"对话框，填写相关参数，如图 4-15 所示。

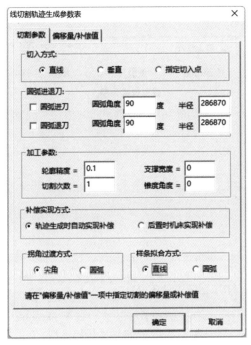

图 4-15　轨迹生成参数表

2. 拾取工件轮廓，输入穿丝点位置，得到加工轨迹，如图 4-16 所示。

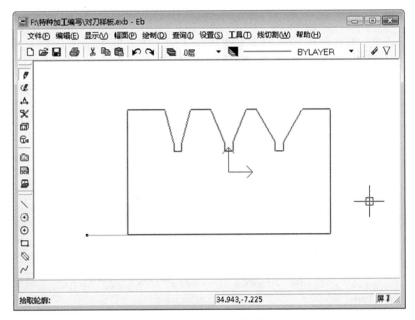

图 4-16　加工轨迹

三、生成程序

1. 根据需要选择生成 3B 代码、G 代码等文件类型和文件名，选择保存路径，如图 4-17 所示。

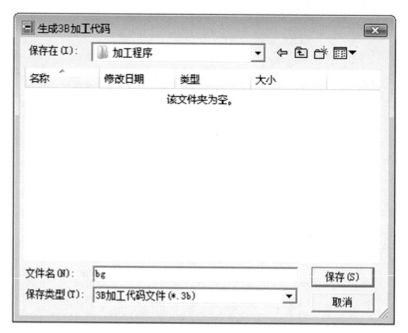

图 4-17　选择加工代码类型

2. 拾取加工轨迹，如图 4-18 所示。

3. 单击鼠标右键，生成所需代码，如图 4-19 所示。

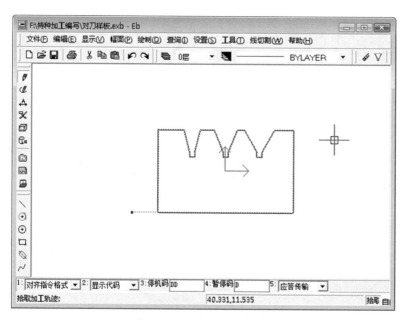

图 4-18　拾取加工轨迹

图 4-19　生成所需代码

四、程序校验

1. 选择程序校验功能，输入程序名和路径，提取校验程序，如图 4-20 所示。

图 4-20　提取校验程序

2. 生成程序轨迹，如图 4-21 所示。

3. 程序校验无误后可输入机床进行加工，若有误则返回修改。如图 4-22 所示为加工成品。

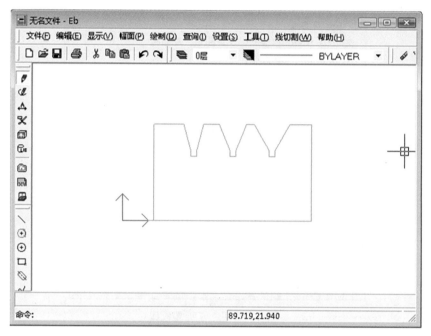

图 4-21　生成程序轨迹

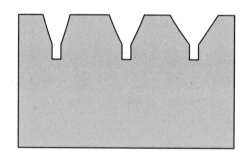

图 4-22　加工成品

💡 操作提示

1. 注意生成程序和所用机床的兼容性，不同机床兼容的代码格式不同，应保证程序能被机床正确识别。

2. 正式加工前应进行程序校验，确保无误后方可进行加工。

第二篇
数控电火花成形加工

项目五
电火花成形加工机床操作基础

任务一　认识电火花成形加工

学习目标

1. 认识电火花成形加工机床。
2. 掌握数控电火花成形加工机床的加工原理。
3. 掌握数控电火花成形加工机床的特点。

任务描述

本任务通过参观电火花成形加工机床（见图 5-1）及其加工过程，认识电火花成形加工机床，分析电火花成形加工机床与电火花线切割机床的异同，掌握电火花成形加工机床的工作原理与特点。

图 5-1　电火花成形加工机床

📚 相关理论

电火花成形加工与电火花线切割加工、电火花磨削加工、电火花展成加工、非金属电火花加工等同属于电加工范畴。事实上，电火花线切割加工是在电火花成形加工的基础上发展起来的。电火花成形加工所用电极不是电极丝，而是依据被加工工件的形状与结构事先设计及制作好的成形电极。

一、电火花成形加工机床的工作原理

如图 5-2 所示为电火花成形加工原理图。伺服进给机构驱动工具电极接近工件表面，两极间的工作液变薄。当两表面的微观波峰相遇时，此处的工作液厚度最薄，绝缘强度最低，最先达到被击穿的临界点。随着两表面的继续接近，加在工具电极与工件之间的脉冲电压会击穿介质绝缘强度最低处，在此处产生局部的火花放电，放电区的温度瞬时高达 10 000 ～ 12 000 ℃，使工具电极和工件表面都被腐蚀掉一小部分金属，各自形成一个小坑。一次放电后，放电处介质变厚，绝缘强度恢复，等待下一次放电。如此反复使工件表面不断被蚀除，并在工件上复制出工具电极的形状，整个加工表面将由无数个小凹坑所组成。

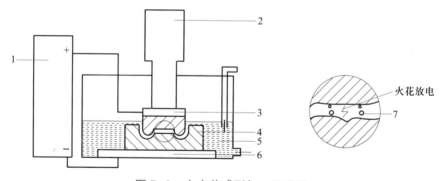

图 5-2 电火花成形加工原理图

1—脉冲电源 2—伺服进给机构 3—工具电极 4—工件
5—工作液 6—工作台 7—被蚀除的金属微粒

为有效实现电火花成形加工，一般应满足以下要求：

1. 由于工具电极和工件之间的工作液是产生火花放电的介质，正常工作时应保持工具电极和工件之间有一定的放电间隙，保证工作液介质的厚度在合适的范围内。若放电间隙过大，极间工作液层较厚，极间电压不能击穿极间介质，因而产生不了火花放电；若放电间隙过小，容易使正、负极短接，极间不会出现放电现象，机床出现短路保护。放电间隙的控制应视加工条件而定，通常为几微米至几百微米。为使工具电极和工件保持一定放电间隙，电火花成形加工过程中必须有工具电极的自动进给和调节装置。

2. 为了使两极表面均匀地产生电蚀现象，火花放电应为瞬时的脉冲性放电，即产生一次放电后需停歇一段时间，再产生下一次放电现象，这样才能把每次的放电点局限于很小的范围内，使放电产生的热量来不及传导并扩散到其余部分；否则，容易产生持续的放电电弧（类似电弧焊），造成放电点的表面发热、熔化，无法保证工件的尺寸精度和表面质量。因此，电火花成形加工必须采用脉冲电源，且放电延续时间一般控制为 1 ~ 1 000 μs。

3. 电火花成形加工的工作液应具有一定的绝缘性。工作液是两极间的介质，对产生火花放电现象有重要作用，通常选用煤油、皂化液、去离子水等，它们具有较高的绝缘强度（1×10^3 ~ 1×10^7 Ω·cm），有利于产生脉冲性的火花放电。此外，液体介质有助于排出火花放电中产生的金属细屑、炭黑等悬浮物，并且能对工具电极和工件起到很好的冷却作用。

二、电火花成形加工的特点

电火花成形加工是与传统的机械加工完全不同的一种加工方法，在加工工艺上与电火花线切割加工也有较大区别。电火花成形加工具有以下特点：

1. 可以加工高硬度导电材料。

2. 可以加工特殊、复杂形状的工件，尤其适合型腔类模具的加工。

加工过程中工具电极与工件不直接接触，两者之间作用力小，不足以引起工件的变形和位移，因此适宜加工低强度工件及进行细微加工。数控技术的发展使制作形状复杂的工具电极变得异常简单，例如，可以采用加工中心和 CAD/CAM 技术制作复杂的工具电极。电火花成形加工机床可以将复杂的工具电极形状简单地复制到工件上，因此特别适合复杂表面形状工件的加工。使得用容易制作的工具电极加工复杂的难以制造的工件成为现实。如图 5-3 所示为用加工中心制作的轮胎石墨电极加工轮胎模具。另外，由于电火花放电时热量传导及扩散范围小，材料受热影响范围小，可以加工热敏性材料。

3. 加工范围较宽，工艺灵活。数控电火花成形加工机床的加工范围较宽，可以加工平面、锥度表面、多型腔工件表面等，主轴带有旋转功能的机床还可进行螺旋面的加工。另外，电火花成形加工还可与其他加工工艺结合，形成复合加工，例如，可以利用电能、电化学能、声能对工件进行加工。

4. 可以获得较高的表面质量。电火花成形加工的表面质量较高，工件的棱边、尖角处无毛刺等。

图 5-3　用石墨电极加工轮胎模具

三、电火花成形加工机床的分类

按电火花成形加工机床的立柱数量不同，电火花成形加工机床可分为单立柱式电火花成形加工机床、双立柱式电火花成形加工机床两大类。

1. 单立柱式电火花成形加工机床

按机床 X 向、Y 向运动的实现方式不同，单立柱式电火花成形加工机床又分为十字工作台型（见图 5-4）和固定工作台型（见图 5-5）两种形式。

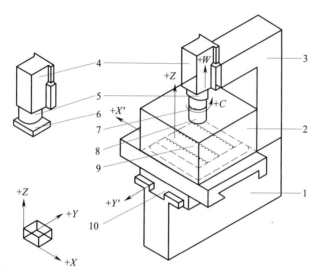

图 5-4 十字工作台型单立柱式电火花成形加工机床

1—床身 2—工作液槽 3—立柱 4—主轴头（W 轴） 5—主轴（Z 轴） 6—电极安装板
7—旋转轴（C 轴） 8—电极 9—工作台（X' 轴） 10—滑板（Y' 轴）

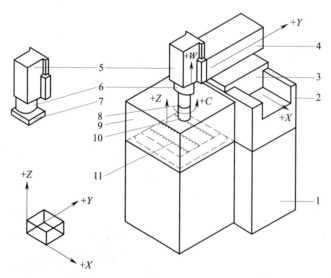

图 5-5 固定工作台型单立柱式电火花成形加工机床

1—床身 2—立柱 3—滑板（X 轴） 4—滑枕（Y 轴） 5—主轴头（W 轴） 6—主轴（Z 轴）
7—电极安装板 8—旋转轴（C 轴） 9—工作液槽 10—电极 11—工作台

2. 双立柱式电火花成形加工机床

按 X 向运动的实现方式不同，双立柱式电火花成形加工机床又分为移动主轴头型（见图 5-6）和十字工作台型（见图 5-7）两种形式。

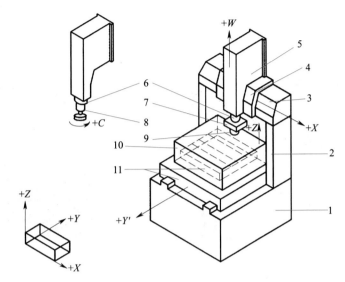

图 5-6 移动主轴头型双立柱式电火花成形加工机床

1—床身 2—立柱 3—槽梁 4—滑板（X 轴） 5—主轴头（W 轴） 6—主轴（Z 轴）
7—电极安装板 8—旋转轴（C 轴） 9—电极 10—工作液槽 11—工作台（Y' 轴）

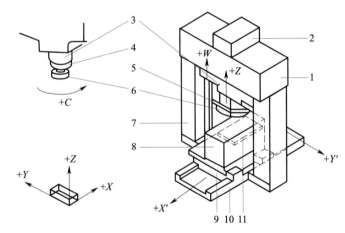

图 5-7 十字工作台型双立柱式电火花成形加工机床

1—槽梁 2—主轴头（W 轴） 3—主轴（Z 轴） 4—旋转轴（C 轴） 5—电极安装板 6—电极
7—立柱 8—工作液槽 9—滑板（X' 轴） 10—床身 11—工作台（Y' 轴）

🔧 任务实施

到企业参观电火花成形加工。进入车间前的入场准备同第一篇项目一的任务一。进入车间后，听从教师的指挥，遵守各项规章制度。

观察机床加工工件的过程（见图5-8），分析电火花成形加工与线切割加工的不同之处：电火花成形加工机床是将工具电极的形状复制到工件上，而线切割机床是利用电极丝的运动轨迹完成对工件的加工。

观察电火花成形加工工件样品（见图5-9），比较其与线切割加工工件的区别。电火花成形加工较适合型腔类工件的加工。

图5-8 电火花成形加工过程

图5-9 电火花成形加工工件样品

任务二 熟悉电火花成形加工机床

学习目标

1. 认识电火花成形加工机床的结构。

2. 掌握电火花成形加工机床的日常维护与保养方法。

3. 初步掌握电火花成形加工机床的基本操作方法与技巧。

4. 掌握电火花成形加工工作液的选择方法。

任务描述

本任务要求完成电火花成形加工机床的开机和关机、调整工作台、控制工作液等基本操作，以及掌握维护与保养方法，并认识电火花成形加工机床的结构和组成。

相关理论

一、数控电火花成形加工机床的组成

数控电火花成形加工机床的组成如图5-10所示，共包括以下几个部分：

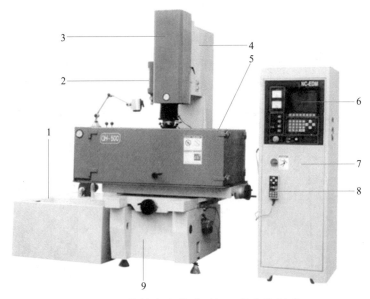

图 5-10 数控电火花成形加工机床的组成

1—工作液循环系统　2—灭火系统　3—伺服进给系统　4—立柱　5—工作台和工作液箱
6—操作面板　7—脉冲电源　8—手控盒　9—床身

1. 控制系统

控制系统是数控电火花成形加工机床最主要的部分之一。数控电火花成形加工机床的精度、工件的表面质量、加工速度、加工的正常运行、加工间隙的控制及调节、数据的控制及传输等都由该系统保证。如图 5-11 所示，电火花成形加工机床控制系统主要由脉冲电源、可编程控制器、控制面板、显示器等组成。

2. 伺服进给系统

如图 5-12 所示，伺服进给系统是数控电火花成形加工机床的主要构成部分之一，电极的自动升降由它控制。伺服进给系统主要由自动进给调节装置、导向装置、电极锁紧装置、电极调向装置、输液和出液装置等组成，其中自动进给调节装置的运动、控制的精度会直接影响模具的加工精度。

3. 工作液循环系统

在电火花成形加工过程中，通过液体介质的流动，带走金属细屑和高温分解出来的炭黑等电蚀产物，有利于控制电火花成形加工精度和工件表面质量。同时，液体介质的流动还有利于液体介质本身的冷却。因此，工作液循环系统主要给液体介质提供循环动力，如图 5-13 所示。在电火花不间断的放电加工过程中，不断产生的金属细屑和炭黑经过一段时间的积累会造成液体介质的污染，不利于放电加工，因此，在电火花成形加工机床上还安装有过滤器（见图 5-14），用以过滤加工中产生的杂质。

图 5-11　控制系统

图 5-12　伺服进给系统

图 5-13　工作液循环系统

图 5-14　电火花成形加工机床用过滤器

4. 床身和立柱

床身（见图 5-15）和立柱（见图 5-16）是基础结构，用于确保电极与工作台、工件之间的相互位置。位置精度的高低对加工有直接的影响。床身和立柱有较高的刚度，能承受主轴负重和运动部件突然加速运动的惯性力，还能减小温度变化引起的变形。

5. 灭火系统

在电火花成形加工机床放电加工过程中，会瞬间产生很高的温度，而液体介质最常用的是煤油，煤油是可燃性液体，在加工时经常会有发生火灾的危险，因此，一般电火花成形加工机床上都安装有灭火系统，并标有防火标志。通常电火花成形加工机床上有两套灭火装置，一套是自动灭火装置（见图 5-17），另一套是人工灭火器。

图 5-15 床身

图 5-16 立柱

图 5-17 电火花成形加工机床自动灭火装置

二、电火花成形加工工作液的选择

在模具制造技术迅速发展的今天，深入了解电火花成形加工工作液的相关知识，更好地选择及使用工作液，对提高电火花成形加工整个环节的效率起着重要作用。

1. 对工作液的主要要求

（1）低黏度。工作液黏度低，其流动性较好，对放电区域冷却作用好，并有利于加工碎屑的排出。

（2）高闪点，高沸点，加工时不易起火；工作液的沸点高，在放电区域不易汽化，损耗较低。

（3）绝缘性好。工作液在放电区是电极间的绝缘介质，其绝缘性能好，能较好地保持工具电极与工件之间适当的绝缘强度。

（4）臭味小。工作液在加工中分解的气体应无毒，对人体无害，若无分解气体最好。

（5）对加工环境不污染，对设备不腐蚀。

（6）抗氧化性能好，使用寿命长。

（7）价格相对较低。

2. 工作液的种类和质量变化

（1）水基和一般矿物油型工作液

水基工作液是第一代产品，它仅局限于电火花高速穿孔加工等少数类型使用，绝缘性、电极消耗、防锈性等都很差，成形加工基本不用。我国过去一直普遍采用煤油。煤油闪点低（约为 46 ℃），使用中会因意外疏忽而导致火灾，并且其芳烃含量高，易挥发，加工中分解有害气体多。因此，以煤油为代表的矿物油也逐渐被专用的矿物质型火花油所代替。

（2）合成型（或半合成型）工作液

用矿物油进行放电加工时，对人体健康有影响。随着数控成形机床数量的增多，加工对象的精度、生产效率都提高，表面粗糙度降低，因此，对工作液的要求也日益提高。20 世纪 80 年代开始出现合成型工作液，其颜色清亮，几乎没有异味。缺点是不含芳烃，故加工速度稍低于矿物油型工作液。

（3）高速合成型工作液

高速合成型工作液是在合成型工作液的基础上，加入聚丁烯等类似添加剂，提高了电蚀速度和冷却效率，从而也提高了加工速度。不足之处是添加剂成本高，工艺不易掌握，容易产生电弧现象。

目前常用的工作液有煤油、去离子水、皂化油等。

三、电火花成形加工机床的日常维护与保养

按照电切削工国家职业标准要求，在进行电火花成形加工时应做好以下几点：

1. 电火花成形加工机床根据加工要求选择冲液、抽液方式，并合理设置工作液压力，严格控制工作液液面高度。如图 5-18 所示为工作液控制阀。

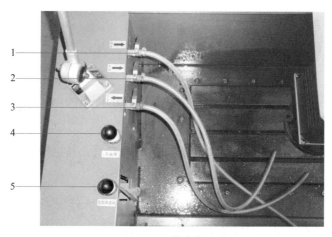

图 5-18　工作液控制阀
1—冲液阀 1　2—冲液阀 2　3—抽液阀　4—卸液阀　5—液面高度调节阀

2. 注意检查工作液系统过滤器的滤芯，若出现堵塞要及时更换，以确保工作液能自动保持一定的清洁度。按照工作液使用寿命定期更换工作液。

3. 检查电火花成形加工机床润滑油（见图5-19）是否充足，管路有无堵塞。若采用易燃的工作液，使用中要注意防火，出现火灾时可用灭火器灭火，如图5-20所示。

润滑油箱

图 5-19 机床润滑油箱位置

图 5-20 电火花机床手工灭火

4. 定期擦拭电火花成形加工机床的外表面，如操作面板、显示器等。定期检查电气柜和电气柜进线、出线处是否有粉尘。如果有粉尘，要及时擦拭干净。

5. 定期检查电气柜内强电盘、伺服单元、主轴单元是否有浮尘。如果有浮尘，应在断电的情况下用毛刷或吸尘器清除。

6. 定期检查电火花成形加工机床主轴风扇工作情况及是否有杂物。如果有杂物，应立即清除，以免影响主轴正常运转。

7. 定期检查电火花成形加工机床强电盘上的继电器动作是否正常，放电电容、放电电阻是否正常。如果上述电气元件工作不正常，应及时更换。

四、数控电火花成形加工机床常用精度检验项目和指标（单立柱机床）

1. 几何精度检验

（1）轴的线性运动检查项目

1）X轴运动直线度的检查。将线性位移传感器固定在主轴（头）上，在XY平面内放置直线度校正仪，使其与X方向平行，线性位移传感器触及直线度校正仪，在整个测量长度上移动X轴并记下读数。在ZX平面内按同样的方法重复检查。直线度公差为0.010 mm/500 mm。

2）Y轴运动直线度的检查。将线性位移传感器固定在主轴（头）上，在XY平面内放置直线度校正仪，使其与 Y 方向平行，线性位移传感器触及直线度校正仪，在整个测量长度上移动 Y 轴并记下读数。在 YZ 平面内按同样的方法重复检查。直线度公差为 0.010 mm/500 mm。

3）主轴（Z 轴）运动直线度的检查。将平板固定在工作台上，将线性位移传感器固定在主轴上。在 ZX 平面内放置直线度校正仪，使其与 Z 方向平行，线性位移传感器在 X 方向触及直线度校正仪，在整个测量长度上移动 Z 轴并记录读数。在 YZ 平面内按同样的方法重复检查。直线度公差为 0.010 mm/300 mm。

4）Y 轴与 X 轴运动垂直度的检查。在工作台上调整直线度校正仪，使其与 X 轴运动平行，将垂直度校正仪紧靠在直线度校正仪上，将线性位移传感器固定在主轴（头）上并使其触及垂直度校正仪，在整个测量长度上移动 Y 轴并记下读数。垂直度公差为 0.010 mm/300 mm。

5）主轴（Z 轴）垂直运动与 X 轴、Y 轴运动之间垂直度的检查。将平板放置在工作台上，调整平板，使其平面与 X 轴和 Y 轴的移动均平行。将垂直度校正仪放置在平板上，将线性位移传感器固定在主轴上。使线性位移传感器沿 X 方向触及垂直度校正仪，在整个测量长度上沿 Z 方向移动主轴并记录读数。垂直度公差为 0.015 mm/300 mm。在 Y 方向上按同样的方法重复检查。

6）主轴头（W 轴）垂直运动与 X 轴、Y 轴运动之间垂直度的检查。将平板放置在工作台上，调整平板，使其平面与 X 轴和 Y 轴的移动均平行。将垂直度校正仪放置在平板上，将线性位移传感器固定在主轴头上。使线性位移传感器沿 X 方向触及垂直度校正仪，在整个测量长度上沿 W 方向移动主轴头并在若干个位置记录读数。垂直度公差为 0.015mm/300mm。在 Y 方向上按同样的方法重复检查。

7）在 XY 平面内 Z 轴（主轴）运动/W 轴（主轴头）运动角度偏差的检查。将平板放置在工作台上，将垂直度校正仪放置在平板上，使其大致与 Z 轴平行。将装在专用支架上的线性位移传感器的测头触及垂直度校正仪进行检测，记下各读数并标记垂直度校正仪上的相应高度。沿着 X 轴移动工作台，将线性位移传感器移至主轴（头）的另一侧，使其测头沿同一直线能再次触及垂直度校正仪。线性位移传感器应重新归零，在原先各位置的同样高度上重新测量并记录。计算每次测量高度上两次读数的差值，选择这些差值中的最大值和最小值，由下式确定的角度误差不得超过 0.012/200。

$$\frac{最大差值-最小差值}{d}$$

式中　d——线性位移传感器两个测点之间的距离，mm。

（2）工作台的几何精度检查项目

1）工作台面平面度的检查。将工作台放置在 X 轴和 Y 轴运动的中心，将精密水平仪放置在工作台面上，按照相应长度在 X 方向和 Y 方向上逐步移动，并记录读数。平面度公差为 0.03 mm/1 000 mm，测量长度每增加 1 000 mm，公差值增加 0.01 mm。测量长度指 X 方向和 Y 方向中较长边的长度。

2）工作台面与 X 轴、Y 轴运动之间平行度的检查。将线性位移传感器固定在主轴（头）上，线性位移传感器的测头触及工作台面，在整个测量长度上移动 X 轴并记录读数。平行度公差为 0.015mm/300mm，最大公差为 0.04 mm。在 Y 方向上按同样的方法重复检查。

（3）主轴头、主轴和旋转轴的精度检查项目

1）电极安装板与 X 轴、Y 轴运动之间平行度的检查。将线性位移传感器固定在工作台上，使线性位移传感器触及电极安装板的表面。在整个测量长度上移动 X 轴并取若干个位置记录读数。平行度公差为 0.010 mm/200 mm。在 Y 方向上按同样的方法重复检查。

2）旋转轴轴线径向圆跳动的检查。将检验棒固定在旋转轴上，将线性位移传感器固定在工作台上。在接近旋转轴的轴端处使线性位移传感器触及检验棒，转动旋转轴并记录读数，径向圆跳动公差为 0.005 mm。在距离旋转轴轴端 100 mm 处按同样的方法重复检查，径向圆跳动公差为 0.01mm。

3）旋转轴与 Z 轴运动间平行度的检查。将线性位移传感器固定在工作台上，在 ZX 平面内使线性位移传感器触及检验棒，转动旋转轴找到跳动的平均位置。沿 Z 方向移动主轴并在若干位置记录读数。平行度公差为 0.01 mm/100 mm。在 YZ 平面内按同样的方法重复检查。

2. 数控轴定位精度检验

（1）X 轴、Y 轴运动定位精度、重复定位精度和定位反向差值的检查。X 轴、Y 轴运动精度的检验项目及其公差见表 5-1。

表 5-1 X 轴、Y 轴运动精度的检验项目及其公差　　　　　mm

项目	测量长度		
	≤ 500	≤ 1 000	≤ 2 000
	公差		
双向定位精度	0.012	0.016	0.020
单向重复定位精度	0.005	0.008	0.010
双向重复定位精度	0.010	0.012	0.016
反向差值	0.008	0.010	0.013

数控电加工技术（第二版）

续表

项目	测量长度		
	≤ 500	≤ 1 000	≤ 2 000
	公差		
平均反向差值	0.004	0.005	0.006
双向定位系统偏差	0.010	0.012	0.016
平均双向定位偏差	0.006	0.008	0.010

（2）Z 轴运动定位精度、重复定位精度和定位反向差值的检查。Z 轴运动精度的检验项目及其公差见表 5-2。

表 5-2　Z 轴运动精度的检验项目及其公差　　　　　　　　mm

项目	测量长度		
	≤ 250	≤ 500	≤ 1 000
	公差		
双向定位精度	0.010	0.012	0.016
单向重复定位精度	0.004	0.005	0.008
双向重复定位精度	0.008	0.010	0.012
反向差值	0.006	0.008	0.010
平均反向差值	0.003	0.004	0.005
双向定位系统偏差	0.008	0.010	0.012
平均双向定位偏差	0.005	0.006	0.008

（3）C 轴运动定位精度、重复定位精度和定位反向差值的检查。C 轴运动精度的检验项目及其公差见表 5-3。

表 5-3　C 轴运动精度的检验项目及其公差

项目	公差 / (″)
双向定位精度	80
单向重复定位精度	40
双向重复定位精度	55
反向差值	40
平均反向差值	20
双向定位系统偏差	65
平均双向定位偏差	40

注：至少测量四个目标位置，如 0°、90°、180°、270°。

3. 加工精度检验

精加工图 5-21 所示的工件，加工后检查孔的间距精度和 X 方向、Y 方向的直径差。具体规定：尺寸 90 mm、120 mm 的孔间距公差为 ±0.02 mm，尺寸 150 mm 的孔间距公差为 ±0.03 mm，X 方向、Y 方向的直径差为 0.02 mm。

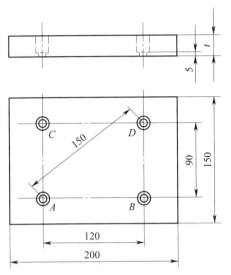

加工形状
孔径：$\phi 10 \sim 12$
孔间距：120×90
孔深：5
径向去除量：0.5
（对孔径为10的孔，预留孔径可为9）
工件
钢：200×150
推荐厚度$t=25$的板，也可为5。当$t>5$时，应从背面加工沉孔。
电极
圆柱铜棒
加工条件
采用加工后表面粗糙度$Ra \leqslant 2\ \mu m$的精加工条件，且电极不宜旋转。

图 5-21　加工精度检验零件图

🛠 任务实施

电火花成形加工机床的基本操作步骤如下：

1. 打开机床电源总开关（见图 5-22），将红色急停按钮旋开并拔出，如图 5-23 所示。

图 5-22　打开机床电源总开关

图 5-23　旋开并拔出急停按钮

2. 按下面板上的启动按钮（见图 5-24），总电源启动。稍等片刻，显示器上出现系统操作界面，如图 5-25 所示。

图 5-24　按下启动按钮

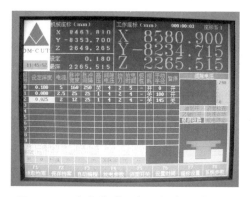

图 5-25　电火花成形加工机床屏幕界面

3. 开机后，如果各项准备工作均已完成，并且已设置好各项加工参数，显示器即进入正常加工界面，可进行加工。

4. 练习用手控盒（见图 5-26）操作机床的运动。

5. 练习用横向手轮和纵向手轮调整工件与电极的相对位置，如图 5-27、图 5-28 所示。

图 5-26　电火花成形加工机床手控盒

图 5-27　用横向手轮调整工件的位置

6. 练习冲液阀、抽液阀、液面高度调节阀、进液阀和卸液阀的操作，并进行工作液液面高度的调整，如图 5-29、图 5-30、图 5-31 所示。

图 5-28　用纵向手轮调整工件的位置

图 5-29　打开进液阀

图 5-30　调节冲液阀

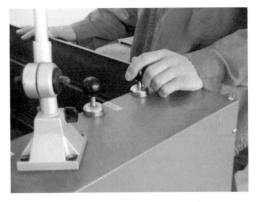

图 5-31　调节油液液面高度

7. 关机时，按下停止按钮，计算机延时供电约 10 s，以便自动退出系统，然后断电。按下面板上红色急停按钮，关闭机床总电源。

操作提示

学生操作时应服从教师的安排，不熟悉机床性能结构和按钮功能时不能擅自进行操作。

项目六
电火花成形加工机床电极设计与装夹

任务一 电火花成形加工冲模电极的设计

学习目标

1. 掌握电火花成形加工常用电极材料的特点。
2. 掌握电极的设计基础。
3. 能独立完成冲模电极的设计工作。

任务描述

随着电火花成形加工机床的应用，在机械加工中，对于一些难加工的部位，如深孔、窄槽（见图6-1）、复杂型腔等，常用电火花成形加工机床进行加工。这就需要根据特定的工件设计用于电火花加工的电极，电极设计的好坏直接影响加工的精度和质量。

本任务要求设计并加工图6-2所示冲孔模具的电极。

图6-1 电火花加工窄槽

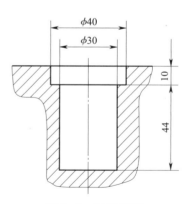

图6-2 冲孔模具

📚 相关理论

一、常用电极材料及选择

电极是数控电火花成形加工机床的主要工作部件。模具加工的形状、尺寸、深度、精度、表面质量由它决定。电极常用纯铜或石墨加工而成，其中应用最广泛的是纯铜。

1. 纯铜电极

纯铜是电火花成形加工中应用最广泛的电极材料。因为电极大部分都采用纯铜加工，所以有时把电火花成形加工用的电极称为铜公。

（1）优点

1）材料塑性好，能制成各种形状复杂的电极。如图6-3所示为使用纯铜材料制作的复杂电极。

图6-3　复杂电极

2）纯铜电极物理性能稳定，能比较容易地获得稳定的加工状态，不容易产生电弧等不良现象，因此，在较困难的条件下也能稳定地进行加工，工件表面粗糙度值低。

3）容易制成复杂的形状和薄片，尺寸精度高。

（2）缺点

1）因材料熔点低（1 083 ℃），不宜承受较大的电流。

2）热膨胀系数大，较大电流的产生容易使电极局部产生变形。

3）纯铜电极通常采用低损耗的加工条件，但由于低损耗加工的电流较小，其生产效率不高。

纯铜电极适合较高精度模具的电火花成形加工，如加工中、小型型腔和花纹、图案细微部位等。一般情况下，将纯铜电极加工成模具型腔的形状。例如，加工图6-4所示的斜齿轮模具型腔件时，可以在电火花成形加工机床上，利用制作成斜齿轮形状的电极对模具毛坯进行加工。

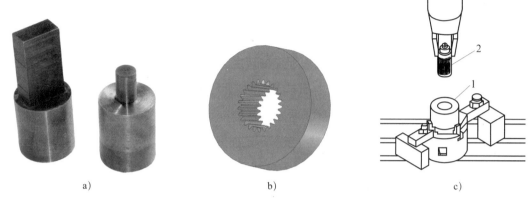

图 6-4　电火花成形加工斜齿轮模具型腔件
a）纯铜电极　b）斜齿轮模具　c）电火花成形加工
1—模具毛坯　2—电极

2. 石墨电极

（1）优点

1）石墨具有较好的机械加工性能，容易制造成形，如图 6-5 所示。

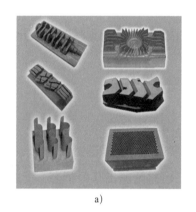

图 6-5　石墨电极
a）复杂石墨电极　b）石墨电极的制作

2）承受较高的电流，加工速度快，电流损耗小。

3）加工超高、超薄的电极时不易变形。

4）密度小，价格相对较低。

（2）缺点

1）排屑困难时容易产生电弧，给加工造成不良的影响。

2）用石墨电极加工时粉尘比较大，且粉尘有毒性。

3. 常用电极材料的性能及应用范围

表 6-1 列举了几种常用电极材料的性能及应用范围。

表6-1 常用电极材料的性能及应用范围

电极材料	加工稳定性	电极损耗	机械加工性能	应用范围
钢	较差	一般	好	常用于加工冲压模，以凸模为电极
铸铁	一般	一般	好	常用于制作冷冲模加工用电极
石墨	较好	较小	较好	常用于制作大型模具加工用电极
纯铜	好	一般	较差	磨削困难，不宜用于制作细微加工用电极
黄铜	好	较大	好	用于可进行补偿的加工场合
铜钨合金	好	小	一般	价格高，用于加工深孔及硬质合金穿孔等
银钨合金	好	小	一般	价格昂贵，多用于精密加工

二、电极的结构形式和设计

1. 电极的结构形式

电极按其结构不同可分为整体式、镶拼式和组合式，如图6-6所示。

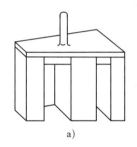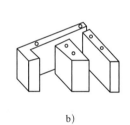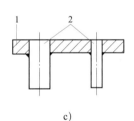

图6-6 电极的结构形式
a）整体式 b）镶拼式 c）组合式
1—电极安装板 2—电极

（1）整体式电极

整体式电极是最常用的结构形式。对于较大体积的电极，为了减轻质量，避免主轴负载过大，一般在端面开孔或挖孔。对于体积较小、容易变形的电极，一般在有效长度的上部将电极截面尺寸增大。

（2）镶拼式电极

镶拼式电极一般在机械加工有困难时采用，例如，在磨削时若无法达到清根、清角要求，可选用镶拼式电极。

（3）组合式电极

组合式电极是将多个电极组合在一起，用于一次加工多孔的落料模、级进模等。用组合式电极加工时，只要垫块尺寸精确，组合时达到较高的平行度精度，就能加工出精度较高的凹模。

2. 电极结构的设计

设计电极的结构时，还应考虑到工具电极与机床主轴连接后，其重心应位于主轴中心上；否则，就会因附加的偏心矩使电极轴线产生偏移，影响加工精度。通常在保证电极具有足够刚度的同时，可采用开减重孔的方法来减轻电极质量，但要注意的是，减重孔不能开通，孔口一般向上，如图6-7所示。

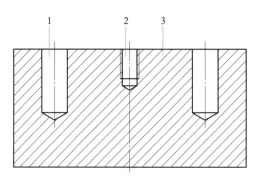

图6-7　在电极上开减重孔

1—减重孔　2—固定用螺孔　3—工具电极

三、电极尺寸的确定

1. 电极长度尺寸的确定

电极的长度取决于模具的结构形式、加工深度、电极材料、型孔的复杂程度、装夹形式、使用次数、电极制造工艺等一系列因素。如图6-8所示，对于结构简单且电极底平面平整的盲孔型腔，电极长度的估算公式如下：

$$L=KH+H_1+H_2+（0.4～0.8）（N-1）KH$$

式中　L——所需电极的长度，mm；

K——与电极材料、加工方式、型孔复杂程度等因素有关的系数，电极材料损耗小、型孔较简单、电极轮廓尖角较少时，K 取小值，反之取大值，K 值选取的经验数据如下：石墨取 1.7～2，纯铜取 2～2.5，黄铜取 3～3.5，钢取 3～3.5；

H——凹模有效加工厚度，mm；

H_1——一些较小电极端部挖空时，电极所需加长的部分，mm；

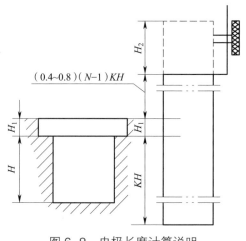

图6-8　电极长度计算说明

H_2——一些较小电极端部不宜制作螺孔，而必须用夹具夹持电极尾部时，需要增加的夹持长度，mm；

N——一个电极使用的次数。

（1）如果电极多次使用，则每多用一次，电极的长度一般需要增加$(0.4 \sim 0.8)KH$，使用N次时电极长度应增加$(0.4 \sim 0.8)(N-1)KH$。

（2）如果加工硬质合金时，由于电极损耗较大，电极还要加长，加长部分等于凹模加工深度。

2. 电极截面尺寸的确定

型腔和电极截面尺寸如图6-9所示，其估算公式如下：

$$a=A \pm KS$$

式中　a——电极的截面尺寸，mm；

A——型腔的名义尺寸，mm；

K——与型腔尺寸标注有关的系数，参见图6-9，K的取值与尺寸标注有关，当图中尺寸线均标注在边界线上时，$K=2$，一边以边界线或非边界线为基准时，$K=1$，对于各中心线之间的位置尺寸以及角度数值，电极上的对应尺寸不缩放，$K=0$；

S——单边火花放电间隙（根据粗加工或精加工一般取$0.2 \sim 0.5$），mm。

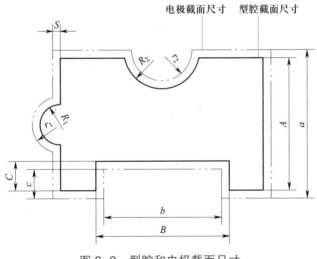

图 6-9　型腔和电极截面尺寸

公式中符号"±"的确定原则如下：型腔凸出时，对应的电极凹入部分的尺寸放大，用"+"号；反之则用"-"号。

可以确定图6-9所示电极的截面尺寸如下：

$$a=A+2S$$

$$b=B-2S$$

$$c=C$$
$$r_1=R_1+S$$
$$r_2=R_2-S$$

任务实施

电极的设计步骤如下：

1. 电极的准备

根据前面介绍的电火花成形加工的特点，选择纯铜作为本任务的电极材料，纯铜电极适合穿透加工和型腔的加工。

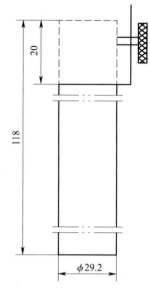

2. 电极长度的确定

$$L=KH+H_1+H_2=2\times44\ \text{mm}+10\ \text{mm}+20\ \text{mm}=118\ \text{mm}$$

3. 电极截面尺寸的计算

利用 $a=A\pm KS$ 可求得电极截面尺寸为：

$$a=30\ \text{mm}-2\times0.4\ \text{mm}=29.2\ \text{mm}$$

4. 根据以上分析与计算，本任务的电极设计图如图 6-10 所示。

图 6-10　电极设计图

任务二　电火花成形加工电极的制造与安装

学习目标

1. 掌握工具电极的制造工艺基础。
2. 掌握工具电极的装夹及校正方法。

任务描述

本任务要求根据任务一中完成的冲模电极设计图（见图 6-10），完成该电极的制造、装夹与校正。

相关理论

一、电极的制造方法

制造电极的方法很多，主要应根据所选用的电极材料、电极要求精度和电极的数量来选择。

1. 机械切削加工

（1）纯铜电极的制造

纯铜电极主要采用机械加工方法制造，配合钳工的修光达到预定要求。另外，还可采用精锻法、雕刻机雕刻成形、放电成形等代替机械加工，然后由钳工进行精修。用精锻和放电成形方法制造电极的工艺比较复杂，适用于同品种、大批量电极的生产。

（2）石墨电极的制造

石墨电极的机械加工性能好，大约比纯铜电极提高 5 倍的切削速度，减小 1/10 ~ 1/5 的切削力，而且不像纯铜电极那样容易产生扎刀、毛刺现象，经机械加工后修整、抛光都很容易。因此，石墨电极的制造主要采用机械加工法。另外，在制造大型腔的石墨电极时还可采用镶拼结构，拼合处可用螺栓连接或采用环氧树脂、聚氯乙烯醋酸溶液等黏结剂黏合，然后将整个电极紧固在电极固定板上。

2. 电火花线切割加工

电火花线切割加工也是目前很常用的一种电极加工方法，非常适合二维电极的制造，可用来单独完成整个电极的制造，或者用于切削加工中完成电极倾角的加工。另外，对于薄片类电极，用切削加工方法很难加工，而使用线切割加工可以获得很高的加工效率和加工精度。目前，国内厂家使用高速走丝线切割机床较多，如果使用先进的低速走丝线切割机床，则可以获得更高的加工精度和表面质量，可用于一些高精度电极的制造，可以准确地切割出有斜度、上下异形的复杂电极。电火花线切割加工很难加工石墨材料。

3. 电铸加工

电铸方法适用于加工纯铜电极，主要用来制作大尺寸的电极。使用电铸方法加工出来的电极放电性能特别好。

用电铸法制造电极，复制精度高，可加工出用机械加工方法难以完成的细微形状的电极。它特别适用于有复杂形状和图案的浅型腔的电火花成形加工。电铸法加工电极的缺点是加工周期长，成本较高，电极质地比较疏松，使电加工时的电极损耗较大。

二、电极制造工艺

1. 制造工艺基础

应根据企业的工艺水平合理安排电极的制造工艺。安排电极制造工艺时，应充分考虑电极加工精度要求、加工成本等工艺特点。

（1）纯铜电极可采用电火花线切割加工、电火花磨削、数控铣削、电铸加工等方式来制造。

（2）石墨电极应采用质细、致密、颗粒均匀、气孔率小、灰粉少、强度高的高纯石墨制造。由于石墨是一种在加压条件下烧结而成的碳素材料，因此有一定程度的各向异性。使用中，应采用石墨非侧压方向的面作为电极端面；否则，加工中易剥落，损耗大。电极制造方法有机械加工、加压振动成形、烧结成形、镶拼组合、超声波加工、线切割等。

2. 常用制造工艺的工序

电极制造常用工艺一般可按下列工序进行：

（1）下料

用锯床锯削所需的材料，包括需切削的材料。

（2）刨削（或铣削）

按图样要求刨削或铣削所要求形状的电极毛坯（若毛坯为圆形可车削），按最大外形尺寸留 1 mm 左右精加工余量。

（3）平面磨削

在平面磨床上磨削两端面及其相邻两侧面，保证垂直度（对于纯铜和石墨电极，应在台虎钳上用刮研的方法刮平或磨平）。

（4）划线

按图样要求划线。

（5）刨削（或铣削）

按划线轮廓，在刨床或铣床上加工成形，并留有 0.4 ~ 0.6 mm 的精加工余量。形状复杂的电极可适当加大余量，但不超过 0.8 mm。

（6）钳工

钻孔，攻电极装夹用螺孔。

（7）热处理

按图样要求进行淬火。

（8）精加工

对于铸铁或钢电极，在有条件的情况下可用成形磨削加工成形；而对于纯铜电极，可在仿形刨床上刨削成形。

（9）化学腐蚀或电镀

电极与凸模联合加工（或加工台阶形电极）时，对小间隙模具采用化学腐蚀，对大间隙模具采用电镀。

（10）钳工修整

对纯铜电极精修成形。

三、电极的装夹及校正

数控电火花成形加工需要将电极安装在机床主轴上进行加工。无论工具电极形状简单或复杂，加工前都需要进行电极的校正，使电极轴线与主轴轴线保持一致，在保证电极与工件垂直的情况下，确定工具电极正确地安装在主轴上方可进行加工。因此，电极的装夹及校正是电火花成形加工中的重要环节之一。下面介绍数控电火花成形加工中工具电极装夹、校正的要点和方法。

1. 电极的装夹

电极的装夹方式有自动装夹和手动装夹两种。

（1）自动装夹

自动装夹电极是先进的数控电火花成形加工机床的一项自动功能。它通过机床的电极自动交换装置（automatic tool changer，ATC）（见图 6-11）和配套使用电极专用夹具来完成电极换装动作，如图 6-12 所示为带有 ATC 装置的电火花成形加工机床。所有电极由机械手按预定的指令程序自动更换，加工前只需将电极装入 ATC 刀架，加工中即可自动更换电极。这样不仅减少了加工等待工时，使整个加工周期缩短，同时也降低了更换电极的劳动强度。

图 6-11　电极自动交换装置（ATC）

图 6-12　带有 ATC 装置的电火花成形加工机床

（2）手动装夹

手动装夹电极是指由人工手动完成电极装夹的操作。安装电极时，一般使用通用夹具或专用夹具直接将电极装夹在机床主轴的下端。常用的电极装夹方法有以下几种：

1）如图 6-13 所示为采用钻夹头装夹电极，适用于圆柄电极的装夹（电极的直径要在钻夹头装夹范围内）。如图 6-14 所示为用标准套筒装夹电极。

2）对于尺寸较大的电极，常将电极通过螺纹连接直接装夹在夹具上，如图 6-15 所示。

如图 6-16 所示为标准的装夹电极用平口钳夹具，适用于装夹方形电极和片状电极。其装夹原理与使用机用虎钳装夹工件是一样的，使用起来灵活、方便。

图 6-13　钻夹头

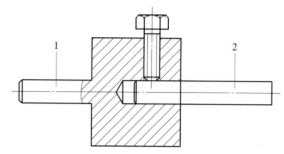

图 6-14　用标准套筒装夹电极
1—标准套筒　2—电极

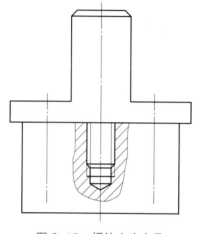

图 6-15　螺纹夹头夹具

图 6-16　装夹电极用平口钳夹具

3）镶拼式电极的装夹比较复杂，一般先用连接板将几块电极拼接成所需的整体，然后再用机械方法将其固定，如图 6-17a 所示；也可用聚氯乙烯醋酸溶液或环氧树脂将电极粘在一起，如图 6-17b 所示。在拼接时各接合面需平整、密合，然后再将连接板连同电极一起装夹在电极柄上。

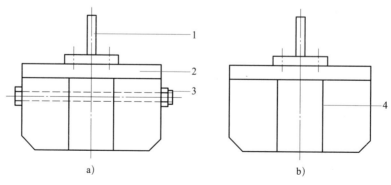

a)　　　　　　　　　b)

图 6-17　连接板式夹具
a）用机械方法固定电极　b）采用黏结剂粘电极
1—电极柄　2—连接板　3—螺栓　4—黏结剂

（3）装夹电极的注意事项

1）对于面积、质量较大的电极，由于装夹不牢固，在加工中常发生松动，是产生废品的原因，因此，要求在加工中停机检查电极是否松动。

2）采用各种装夹方式时都应保证电极与夹具接触良好、导电。一些操作人员用502胶粘电极，这种方法很容易导致加工中电极因发热而掉落，并且有可能出现电极不导电的情况。

2. **电极的校正**

在数控电火花成形加工中，机床主轴伺服进给方向应垂直于工作台。因此，必须使电极的进给轴线平行于主轴头的轴线，即必须保证工具电极进给方向垂直于工作台面；另外，还应保证电极的横截面基准与机床X轴、Y轴平行。这就需要在电极装夹完成后对电极进行校正。

（1）自然校正

自然校正是利用电极在电极柄和机床主轴上的正确定位来保证电极与机床间的准确定位。自然校正常利用快速装夹定位系统来保证电极与机床的准确定位。如图6-18所示为快速定位夹具。

图6-18 快速定位夹具

采用快速装夹定位系统来制造电极是电火花成形加工的一种先进工艺方法，它是将电极毛坯装夹在电火花成形加工机床的装夹系统上来制造，定位基准统一，并且各数控机床都有坐标原点。电极制造完成后，可直接将电极装于电火花成形加工机床的快速装夹定位系统上进行放电加工，给后续加工带来了很大的方便，提高了电极的制造效率，也保证了电极的装夹、定位精度。加工过程中如需插入一急件，可以将正在加工的半成品卸下，待急件加工完成后再继续快速装夹进行加工。

（2）人工校正

人工校正一般以工作台的X、Y水平方向为基准，用百分表、量规或直角尺在电极横向、纵向两个方向进行垂直校正或水平校正，以此保证电极轴线与主轴进给轴线一致，保证电极工艺基准与机床 X 轴、Y 轴基准平行。如图 6-19 所示为电火花成形加工机床电极夹头，它主要靠调节夹头的相应螺钉来校正电极。通过螺钉 2、3 调节夹头的球面铰接机构，以实现电极左右、前后方向的水平校正；通过螺钉 1 调节夹头的相对转动机构，以实现电极横截面基准与机床 X 轴、Y 轴平行。可调节电极角度的电极夹头调节部分是由绝缘材料制作的，以防止操作人员触电。人工进行电极校正的方法如下：

图 6-19　电火花成形加工机床电极夹头
1—电极侧边平行调节螺钉　2—电极垂直调节螺钉（左右方向）
3—电极垂直调节螺钉（前后方向）　4—电极夹紧螺钉

1）使用百分表进行校正。校正电极时，有多个基准面要进行校正。

将主轴移到便于校正电极的合适位置；将可调节角度的电极夹头（见图 6-19）的螺钉 1 旋转至中心处（使中心刻度线对齐），通过目测调节螺钉 2、3（见图 6-20），使电极基准面基本水平，这样可以减少校表时的调节量；选择校正基准面，将百分表测头压在电极的基准面上，如图 6-21 所示。通过移动坐标轴，观察百分表上读数的变化估计差值，不断调整电极夹头的螺钉，直到将电极校准为止。

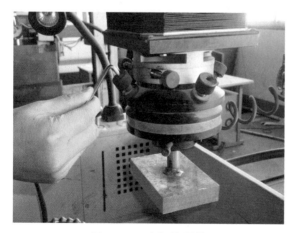

图 6-20　电极的调整

图 6-21　使用百分表校正电极基准面

选择电极的校正基准是校表的要点。由于电极的形状各异，它们的校表基准也都不一样，但选择校表基准的原则是一样的：取最长的基准代替较短的基准，取明确的电极基准代替不明确的基准。一般情况下，电极的各个面都应满足各种相应的几何关系，在校表时应对它们进行具体检查。模具制造中的各种复杂电极大多数是用加工中心制作的，通常设计有用于校表的方形基准台，如图6-22所示。这类电极可选择校正基准台底面X向、Y向的平行度和电极横截面基准与机床X轴、Y轴的平行度。圆柱形或简单方形电极可校正电极的垂直度和电极横截面基准与机床X轴、Y轴的平行度，若圆柱形电极全部为旋转体形状，则只需校正电极的垂直度即可。

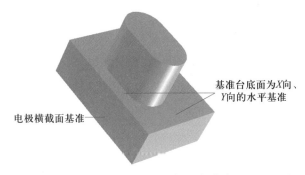

图6-22 电极的校正基准台

校表时，各方向的调节都是互相影响的，即假如先调节好电极夹头左右方向的平行度后，再调节前后方向的平行度时，左右方向的平行度又会产生误差，所以，选择校正基准面的顺序也有一定的技巧。在校表时，先校正好电极前后、左右方向的平行度，再校正电极横截面基准与机床X轴、Y轴的平行度，最后再检查一遍，如图6-23所示。

a)   b)

图6-23 校正电极的操作步骤

a）第一步：校正电极前后、左右方向的平行度 b）第二步：校正电极横截面基准与机床X轴、Y轴的平行度

校正电极的操作过程比较烦琐，即便是熟练的技术工人，每次校正电极也都需要花费一些时间，生疏的新手则需耗费更多的时间。在操作过程中，要耐心地进行校正，通过不

断地调整电极夹头，多次检查，使电极的平行度和垂直度均符合要求。使用百分表校正电极的过程实际操作性很强，只有通过反复练习，把握好校正的手感，强化观察能力和反应能力，才能准确、快速地将电极的校正操作完成。

2）火花校正。当电极端面为平面时，可用弱电规准在工件平面上放电打印，根据工件平面上放电火花分布的情况来校正电极，直到调节至工件四周均匀出现放电火花为止，如图 6-24 所示。采用这种校正方法时，可调节角度电极夹头的调节部分应该是绝缘的，在操作过程中要注意安全，防止触电。这种方法的校正精度不高，只用在精度要求比较低的加工情况下。

3）利用刀口形直角尺校正。这种方法是利用刀口形直角尺，通过调整接触缝隙校正电极与工作台的垂直度，直至上、下缝隙均匀为止。校正时还可辅以灯光照射，观察光隙是否均匀，以提高校正精度。如采用刀口形直角尺可校正侧面较长、直壁面类电极的垂直度。校正时，使直角边的刀口靠近电极侧壁基准，通过观察它们之间上、下间隙的大小来调节电极夹头，如图 6-25 所示。校正时要多换几个位置进行比较。使用刀口形直角尺校正电极的精度为 0.02 mm 左右，电极的侧壁基准越长，校正精度就越高。

图 6-24　火花校正

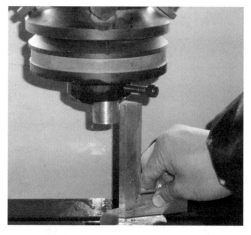

图 6-25　利用刀口形直角尺校正电极

4）特殊校正方法。一些特殊情况下，要以电极的斜度基准面对其予以校正，或者要求将电极校正至一定角度，一般是根据三角函数关系，使用校表的方法反复进行比较。特殊情况的校正操作非常麻烦，应尽量使用其他方法来解决复杂的校正问题。例如，有斜度的电极可以设计直壁校正基准，要求校正角度的情况可设计角度夹具来完成校正工作。

四、数控电火花成形加工新技术

数控电火花成形加工技术是精密模具和工件加工的有效方法，随着科技的不断发展，对工件的加工要求不断提高，数控电火花成形加工技术也得到了较快的发展。

1. 多轴联动加工技术

在传统 X 轴、Y 轴、Z 轴直线运动基础上，装备多个分度旋转轴，实现多轴联动加工，适用于加工表面形状复杂的曲面类精密工件。多轴联动数控电火花成形加工机床配备高精度 C 轴、B 轴，能进行五轴五联动精密加工，如图 6-26 所示。

图 6-26　多轴联动数控电火花成形加工机床

2. 高精度的电极和工件夹具及自动交换技术

采用这种技术的机床安装了电极自动交换系统和工件自动交换系统，类似于加工中心中的自动换刀系统（刀库）。电极和工件均采用快换夹具进行装夹、校正及加工，将其放入刀具库中，由机械手按指令交换所需的电极或工件。实现了电极和工件交换的自动化，提高了加工精度。

3. 镜面加工技术

为了解决常规电火花加工工艺不易获得低表面粗糙度值的加工表面，必须在电火花加工后安排抛光、研磨等工序的技术难题，精密镜面加工技术应运而生，它主要分为混粉电火花镜面加工技术、无混粉电火花镜面加工技术两个方面。

混粉电火花镜面加工技术在工作液中添加一定浓度的具有导电性的硅、铝等微粉，通过改变电火花放电状态，使工件表面粗糙度值降低，表面耐磨性、耐腐蚀性显著改善。

无混粉电火花镜面加工技术是利用高性能镜面加工回路，在工作液中不添加任何粉末的条件下实现了较大面积的电火花镜面加工，表面粗糙度 Ra 值可达 0.05 μm。

🔧 任务实施

一、制造冲模电极

在进行电极制作时还应考虑到实际加工情况：第一，要认真分析工件零件图，确定工件上采用电火花成形加工的位置，根据不同的电极损耗、放电间隙等工艺要求，对初步设计好的电极尺寸，要参照型腔尺寸进行尺寸缩放。第二，为了避免电极在使用中产生损耗而降低电极的重复使用寿命，电极长度尽量比其毛坯长度小 2 ～ 3 mm，这样，即使电极在使用中产生损耗，经过修复加工后，仍可反复使用。

图 6-27　在数控车床上车削冲模电极

本任务所用冲模电极形状较为简单，可在数控车床上直接车削完成，如图 6-27 所示。

二、冲模电极的装夹

1. 装夹电极前要对电极进行认真检查，如电极是否有毛刺、污物，形状是否正确，有无损伤等，如图 6-28 所示。

2. 装夹电极时要看清楚加工图样，装夹方向要正确，采用的装夹方式不会与其他部位发生干涉，便于加工中定位，如图 6-29 所示。

图 6-28　冲模电极的检查

图 6-29　冲模电极的装夹

3. 用螺钉紧固电极时，锁紧螺钉用力要得当。用力不宜过大，以免造成电极变形；用力也不宜过小，以防止电极装夹不牢固，如图 6-30 所示。

4. 由于本任务的电极比较细长，在满足加工要求的前提下，其伸出部分应尽可能短些，以提高电极的强度，如图 6-31 所示。

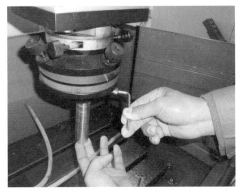

图 6-30　锁紧冲模电极

图 6-31　测量电极的伸出长度

三、校正电极

电极的校正精度直接影响成形加工的精度，因此，一定要精心控制好电极的校正精度；否则，会导致加工出来的工件出现尺寸或位置偏差。

1. 使用可调节角度的电极夹头校正电极时，拧紧调节螺钉的力度要适当。大多数电极校正时，用手稍微用力拧紧螺钉即可（不需要用扳手拧紧），如图 6-32 所示。质量很大的电极则应使用扳手来拧紧，以防止电极发生松动。

2. 使用电极调节螺钉初步校正电极的装夹位置后，再使用百分表精确校正电极的装夹精度，如图 6-33 所示。在使用百分表校正电极时，当百分表的测头与电极接触时，机床会提示"接触感知"，只有解除这种功能才能继续校正，因此，所选用的百分表最好具有绝缘性能。

图 6-32　通过电极调节螺钉校正电极

图 6-33　使用百分表校正电极装夹精度

项目七
典型工件的电火花成形加工与编程

任务一　电火花成形加工去除断入工件的钻头

🎯 学习目标

1. 掌握利用电火花成形加工去除断入工件的钻头的操作工艺。
2. 掌握工件和工具电极的装夹与找正方法。

⚙️ 任务描述

在机械加工中，随着自动化设备的大量使用及产品向高精度、高要求发展，以及大量难加工材料的使用，工具、刀具折断成为影响产品合格率的一个主要因素。钻削小孔时，由于钻头等刀具硬而脆，抗弯、抗扭强度低，往往易折断在孔中。为了避免工件报废，可采用电火花成形加工方法去除折断在工件中的钻头。

本任务通过设计及制作电极，取出断入工件的钻头。断入工件的钻头直径为 8 mm，断入深度约为 30 mm，如图 7-1 所示。

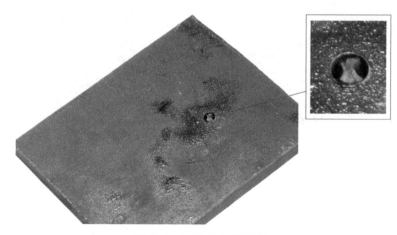

图 7-1　断入工件的钻头

相关理论

一、电极的设计

电极的直径应根据钻头的尺寸确定，如图 7-2 所示。工具电极直径 d' 的取值一般大于钻心直径 d_0 且小于钻头外径 d_1。通常，电极的直径 $d'=(d_0+d_1)/2$ 为最佳值。表 7-1 所列为钻头直径与可选工具电极直径的匹配关系，工具电极直径可以根据表中数据来选择。电极的长度一般应大于断入工件的钻头的长度，实际打入深度视加工情况而定。

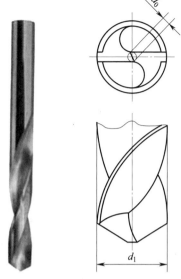

图 7-2　钻头有关尺寸

表 7-1　钻头直径与可选工具电极直径的匹配关系　　mm

工具电极直径	1 ~ 1.5	1.5 ~ 2	2 ~ 3	3 ~ 4	4 ~ 5	5 ~ 6	6 ~ 8
钻头直径	2	3	4	5	6	8	10

二、电加工参数的选择

1. 常用电加工参数

电火花成形加工时，要根据被加工工件的材料、加工精度和电极材料等因素选用合理的电加工参数，主要包括脉冲宽度 t_i、脉冲间隔 t_0、峰值电压 u_i、峰值电流 i_e 等。

（1）脉冲宽度 t_i（μs）

脉冲宽度简称脉宽，它是加到工具电极和工件上放电间隙两端的电压脉冲持续时间。为了防止电弧烧伤，电火花成形加工只能用断续的脉冲电压波。粗加工时，用较大的脉宽，$t_i>100$ μs；精加工时，只能用较小的脉宽，$t_i<50$ μs。

（2）脉冲间隔 t_0（μs）

脉冲间隔简称脉间，又称脉冲停歇时间，它是两个电压脉冲之间的间隔时间。间隔时间太短，放电间隙来不及消电离及恢复绝缘，容易产生电弧放电，烧伤工件和工具电极；间隔时间太长，将降低生产效率。

（3）击穿延时 t_d（μs）

间隙两端加上脉冲电压后，一般均要经过一小段的延续时间，工作液介质才能局部被击穿放电，此时间称为击穿延时 t_d，它与平均放电间隙有关，工具电极欠进给时，平均放电间隙偏大，平均击穿延时 t_d 就大；反之，工具电极过进给时，平均放电间隙变小，t_d 也就小。

（4）电流脉宽 t_e（μs）

电流脉宽是指工作液介质击穿后放电间隙中流过放电电流的时间，又称放电时间，它比电压脉宽稍小，相差击穿延时 t_d。t_i 和 t_e 都对电火花成形加工的生产效率、表面粗糙度和电极损耗等有很大的影响，但实际起作用的是电流脉宽 t_e。

（5）脉冲周期 t_p（μs）

一个电压脉冲开始到下一个电压脉冲开始之前的时间称为脉冲周期，显然 $t_p=t_i+t_0$。

（6）峰值电压 u_i（V）

峰值电压是间隙开路时电极间的最高电压，等于电源的直流电压。峰值电压高时，放电间隙大，生产效率高，但成形复制精度较低。

（7）加工电压或间隙平均电压 U（V）

加工电压或间隙平均电压是指加工时电压表上指示的放电间隙两端的平均电压，它是多个峰值电压、火花放电维持电压、短路和脉冲间隔等电压的平均值。

（8）加工电流 I（A）

加工电流是指加工时电流表上指示的流过放电间隙的平均电流。精加工时小，粗加工时大；间隙偏开路时小，间隙合理或偏短路时则大。

（9）短路电流 I_s（A）

短路电流是指放电间隙短路时电流表上指示的平均电流，它比正常加工时的平均电流大 20%～40%。

（10）峰值电流 i_e（A）

峰值电流是指间隙火花放电时脉冲电流的最大值（瞬时）。虽然峰值电流不易直接测量，但它是实际影响生产效率、表面粗糙度等指标的重要参数。脉冲电源每一功率放大管的峰值电流是预先选择和计算好的，加工时可按说明书选定粗加工、半精加工、精加工的峰值电流。

2. 电规准的选择

电火花成形加工中所选用的一组电脉冲参数称为电规准。电规准可分为粗规准、中规准和精规准。

（1）粗规准

粗规准主要用于粗加工。对粗规准的要求是生产效率高，工具电极的损耗小。主要采用较大的电流和较长的脉冲宽度（20～200 μs）。

（2）中规准

中规准是粗加工、精加工间过渡加工采用的电规准，用以减小精加工余量，保证加工稳定性，提高加工速度。脉冲宽度一般为 10 ~ 100 μs。

（3）精规准

精规准用来进行精加工。故应采用小的电流、高的频率、短的脉冲宽度（一般为 2 ~ 6 μs）。

3. 正、负极性加工

工件接脉冲电源正极（高电位端），称为正极性加工；反之，工件接电源负极（低电位端），则称为负极性加工。高生产效率、低损耗粗加工时，常用负极性、长脉宽加工。

4. 数控电火花成形加工机床电加工参数的智能配置方法

一些先进的电火花成形加工机床具备智能配置电加工参数的功能，在机床中事先存入许多配置好的最佳成套电加工参数，实际加工中只需准确输入相关的加工条件（如工件形状、加工的面积、电极尺寸缩放量、电极的锥度、表面粗糙度要求等），机床便能非常容易地配置好电加工参数，且一般都能满足加工要求。这样既可以降低对操作人员的技能要求，避免人为因素造成的加工误差，又使操作变得方便、简单。一些高档的电火花成形加工机床配有计算机监测跟踪反馈功能，加工过程中可以判断电火花加工间隙的状态，在保持稳定电弧的范围内自动选择最佳的加工条件。

✖ 任务实施

一、工具电极的设计

根据钻头直径确定工具电极的尺寸，本任务中断入工件的钻头直径为 8 mm，工具电极直径可设计成 4 ~ 6 mm，电极长度应根据断入工件小孔中的钻头长度加上装夹长度来确定，并适当留出一些余量。

工具电极为圆柱形，能在车床上一次加工成形，通常制成台阶轴，装夹大端，有利于提高电极的刚度。工具电极设计图如图 7-3 所示。

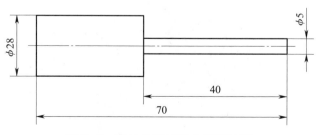

图 7-3 取钻头用工具电极设计图

二、电极材料的准备

可以选择纯铜杆或黄铜杆作为工具电极，如图7-4所示。这两种电极材料应用比较普遍，机械加工也比较容易。黄铜电极加工时损耗较大，但加工过程比较稳定；纯铜电极的损耗较小，但加工过程没有黄铜电极稳定。

图7-4　电极材料

三、工具电极的制造

本任务所用工具电极比较简单，要求的加工精度较低、表面粗糙度值较高，可以选用数控车床进行加工（见图7-5）。电极制造完成后，应进行全面的检查，对有缺陷的电极要及时修复或重新制造。

四、工具电极的装夹与校正

在机床主轴头的电极夹头上，先用刀口形直角尺校正工具电极对工作台 X 轴和 Y 轴方向的垂直度，然后用百分表再次校正，工艺上可在工具电极的轴肩处开两个相互垂直的校正基准面（见图7-6）。将工件水平放置在工作台面上，使折断的钻头的中心线与机床的工作台面保持垂直，再移动工作台，使工具电极的中心与断入工件的钻头的中心一致，必要时可用火花放电校正。

a)

b)

c)

图7-5 工具电极的加工过程

a) 数控车床 b) 车削电极 c) 制作完成的电极

五、工件的装夹及定位

电火花成形加工工件的装夹与普通切削加工相似，但由于电火花成形加工中的作用力很小，因此工件更容易装夹。在实际生产中，常用压板（见图7-7）、磁性吸盘（见图7-8）等将工件固定在机床工作台上，使用百分表进行找正。

图7-6 工具电极的校正

图7-7 使用压板装夹工件

图7-8 电火花成形加工用磁性吸盘

六、电规准的选择

加工前要选择好电规准，由于对加工精度和表面质量的要求不高，因此，应选用加工速度快、电极损耗小的粗规准。但一方面，加工电流受电极加工面积的限制，电流过大容易造成拉弧；另一方面，为了达到电极低损耗的目的，要注意峰值电流和脉冲宽度之间的匹配关系，电流过大，会增加电极的损耗。所以，脉冲宽度可以适当取大些，并采用负极性加工，停歇时间要与脉冲宽度匹配合理。对于本任务，选择一个合适的电规准即可完成加工，可参考表 7-2 选择电规准。

表 7-2　低损耗加工参考电规准

脉冲宽度 /μs	脉冲间隔 /μs	峰值电流 /A
100 ~ 300	30 ~ 60	10 ~ 50

七、放电加工

打开机床电源，通过机床提供的自动对刀功能，使主轴缓慢下降至工件表面，将工件的上表面设定为加工深度零点位置。加工深度由断入工件的钻头的深度和工具电极的损耗量来决定，加工深度应略大于断入工件的钻头的深度。然后开启工作液泵，向工作液槽内加注工作液（见图 7-9），工作液应高出工件 30 ~ 50 mm，如果所加工孔是通孔，可采用下冲液方式；如果是盲孔，则可采用侧冲液或不冲液方式，必要时可采用铜管作工具电极，使工作液从铜管中导入加工区，即采用上冲液方式进行加工。最后，按下"放电加工"按钮，实现放电加工。

a)　　　　　　　　　　　　　　　　b)

图 7-9　开启工作液泵
a）控制阀　b）加注工作液

如图 7-10 所示为电火花成形加工机床取钻头的过程。在电火花成形加工过程中，操作人员不要离开机床，除了要保证工作液循环外，还应注意取出钻头的过程中会有残片剥离，这些残片容易造成电极短路，遇到此类情况应及时清理残片后再继续加工。待放电结束后，先不要急于取下工件，等确认钻头已经彻底取出后，再取下工件。取下工件后，检查放电过程中是否对工件造成了损伤等。钻头取出后的工件如图 7-11 所示。工件加工完成后，要及时对机床进行清理。

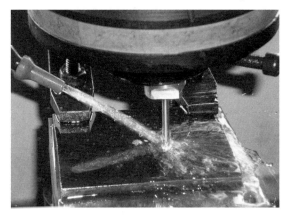

图 7-10　电火花成形加工机床取钻头的过程

图 7-11　钻头取出后的工件

任务二　多孔电火花成形加工

◎ 学习目标

1. 掌握电火花成形加工的编程基础。
2. 通过实际操作掌握多孔电火花成形加工的方法。

⚙ 任务描述

一般的多孔电火花成形加工，只要相应增加工具电极的数量，并将其安装在同一主轴上，就可以进行加工。但采用上述方法加工多孔时会增加制造电极的难度。本任务要求利用多孔电火花成形加工方法，通过自动编程，进行图 7-12 所示多孔工件的加工。

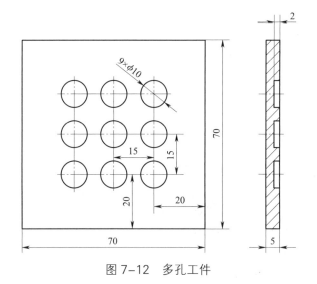

图 7-12　多孔工件

相关理论

一、数控电火花成形加工自动编程

1. 概述

数控电火花成形加工自动编程是通过数控电火花成形加工机床系统的智能编程软件，以人机对话方式确定加工对象和加工条件，自动进行运算并生成程序指令的过程。自动编程时只要输入加工开始位置、加工方向、加工深度、电极缩放量、表面粗糙度要求、平动方式、平动量等条件，系统即可自动生成数控程序。自动编程界面如图 7-13 所示。

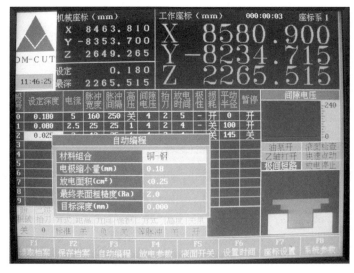

图 7-13　自动编程界面

目前，自动编程日益广泛地应用于数控电火花成形加工中，随着其功能越来越完善，对编程人员技术水平的要求也越来越低，既减轻了编程人员的劳动强度，又缩短了编程时间。因此，自动编程适用于大多数加工场合下的程序编制，可以有效地解决常见工件的加工问题。对于复杂的多轴联动电火花成形加工编程，则必须采用具有 CAD/CAM 功能的软件自动生成数控程序。

2. 电火花成形加工机床坐标系

按照右手直角笛卡儿坐标系确定电火花成形加工机床的坐标系，如图 7-14 所示。

图 7-14　电火花成形加工机床坐标系

（1）面对工作台左右方向为 X 轴，右边为 X 轴的正方向，左边为 X 轴的负方向。

（2）面对工作台前后方向为 Y 轴，前面为 Y 轴的正方向，后面为 Y 轴的负方向。

（3）主轴运行的上下方向为 Z 轴，向上为 Z 轴的正方向，向下为 Z 轴的负方向。

（4）围绕 Z 轴旋转的圆周进给坐标轴为 C 轴，顺时针为 C 轴的负方向，逆时针为 C 轴的正方向。

不同电火花成形加工机床的进给运动不同，有的由电极运动来实现，有的由工作台带动工件运动来实现。为了正确地编制加工程序，根据 ISO 标准规定：在编程中假定工件静止不动。

二、程序的构成

数控电火花成形加工程序与其他数控加工程序相比，其结构有些差别。数控电火花成形加工的加工程序相对来说较简单，这主要是因为它的运动轨迹比较简单。但总体来讲，数控电火花成形加工与其他数控加工编程的方法、指令、技巧是一致的。

1. 数控电火花成形加工程序常用的地址

数控电火花成形加工程序常用的地址及其含义见表 7-3。

表 7-3 数控电火花成形加工程序常用的地址及其含义

地址	含义	地址	含义
N、O	顺序号、程序名	L	子程序调用次数
G	准备功能	M	辅助功能
X、Y、Z、U、V、W	坐标轴	ON、OFF、IP、SV、SE	加工参数的具体指定
I、J、K	圆弧的中心坐标	C	加工条件号
T	机械设备控制	P	子程序调用
D、H	偏移量指定	RA	旋转角度

表 7-4 所列为 ISO 标准电火花成形加工常用 G 代码及其功能。

表 7-4 ISO 标准电火花成形加工常用 G 代码及其功能

代码	功能	代码	功能
G00	快速移动，定位指令	G54	选择工件坐标系 1
G01	直线插补，加工指令	G55	选择工件坐标系 2
G02	顺时针圆弧插补指令	G56	选择工件坐标系 3
G03	逆时针圆弧插补指令	G57	选择工件坐标系 4
G17	XOY 平面选择	G58	选择工件坐标系 5
G18	XOZ 平面选择	G59	选择工件坐标系 6
G19	YOZ 平面选择	G80	移动轴直到接触感知
G30	按指定轴向抬刀	G81	移到机床的极限
G31	按路径反方向抬刀	G82	移到原点与现位置的一半处
G32	伺服回原点（中心）后再抬刀	G86	定时加工
G40	取消电极补偿	G90	绝对值编程指令
G41	电极左补偿	G91	增量值编程指令
G42	电极右补偿	G92	指定坐标原点

表 7-5 所列为 ISO 标准电火花成形加工常用辅助代码及其功能。

表 7-5 ISO 标准电火花成形加工常用辅助代码及其功能

代码	功能	代码	功能
M00	暂停指令	M08	R 轴旋转功能打开
M02	程序结束	M09	R 轴旋转功能关闭
M05	忽略接触感知	M98	子程序调用

代码	功能	代码	功能
M99	子程序结束	Y	Y 轴指定
T84	启动工作液泵	Z	Z 轴指定
T85	关闭工作液泵	U	C 轴指定
S	R 轴转速	L××	子程序重复执行次数
I	圆心 X 坐标	P××××	指定调用子程序号
J	圆心 Y 坐标	N××××	程序号
K	圆心 Z 坐标	C×××	加工条件号
X	X 轴指定	H×××	补偿码

2. 主程序和子程序

数控电火花成形加工程序的主体分为主程序和子程序，数控系统执行程序时，按主程序的指令运行，在主程序中遇到调用子程序的指令时，数控系统将转入子程序按其指令运行，当子程序调用结束后，便重新返回继续执行主程序。

某个程序在其内部调用了其他程序，该程序称为主程序，被调用的程序称为子程序。子程序与主程序的区别是用 M99 作为子程序的结尾标志。

子程序的调用格式为：

M98 P××××L×（P 为调用子程序指令，×××× 为子程序的顺序号，L× 为子程序的调用次数，如果 L 省略不写，表示调用一次）

例如，"M98 P0001L6；"表示连续调用 6 次 N0001 子程序。

子程序可以被主程序调用，已被调用的子程序也可以调用其他子程序。从主程序调用的子程序称为嵌套调用一重子程序，子程序可以嵌套调用多次，如图 7-15 所示。

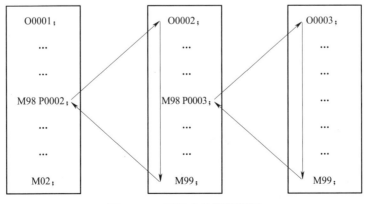

图 7-15 子程序的嵌套调用

三、多孔加工编程举例

如图 7-16 所示，要加工九个孔，这里采用调用子程序的方式进行编程，编程时工件坐标系的位置如图 7-16 所示。

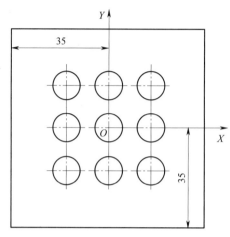

图 7-16　工件坐标系的位置

具体加工程序如下：

G54；	选择坐标系
G90；	绝对值编程
G17；	选择 XOY 平面作为加工平面
T84；	启动工作液泵
G00 Z1.0；	快速定位至安全高度，安全高度为 1 mm
G00 X15.0 Y15.0；	定位至（15，15）
M98 P0002L3；	调用三次 O0002 子程序
T85；	关闭工作液泵
M02；	程序结束
O0002；	O0002 子程序
M98 P0003L3；	调用三次 O0003 子程序
G91；	增量值编程
G00 Y-15.0；	沿 Y 轴负方向移动 15 mm
G90；	绝对值编程
G00 X15.0；	沿 X 向快速定位至 X15.0
G90；	绝对值编程
M99；	子程序结束

O0003；	O0003 子程序
M98 P0004；	调用一次 O0004 子程序
G91；	增量值编程
G00 X-15.0；	沿 X 轴负方向移动 15 mm
G90；	绝对值编程
M99；	子程序结束
O0004；	O0004 子程序
G30 Z+；	Z 轴正方向抬刀
G01 Z-1.973；	放电加工，Z 轴负方向留 0.027 mm 的放电间隙
M05 G00 Z1.0；	结束放电，抬刀
M99；	子程序结束

本程序用到了子程序的嵌套调用，整个程序由四个程序组成。首先由主程序调用 O0002 子程序，总共调用三次，每调用一次完成 Y 向一行孔的加工；然后在 O0002 子程序中又嵌套调用三次 O0003 子程序，每调用一次完成 X 向一个孔的加工；具体到某个孔的加工过程（如进刀、抬刀、放电加工）是由 O0004 子程序完成的，O0004 子程序是被 O0003 子程序嵌套调用的。

✖ 任务实施

一、工件和电极的设计与制作

工具电极采用直径为 9.2 mm 的圆形电极（单边放电间隙取 0.4 mm），电极的制作在数控车床上车削完成，如图 7-17、图 7-18 所示。

图 7-17　在数控车床上加工电极

图 7-18　加工后的电极

二、多孔加工的定位方法

多孔加工的定位主要是采取绝对定位方式，先根据工件的加工要求确定工件的基准孔，然后按工件各孔的间距完成其余各孔的电火花成形加工。

具体步骤如下：

1. 工具电极的装夹

将工具电极装夹在主轴上（见图7-19），完成工具电极的装夹与校正。

2. 工件的装夹与定位

工件的外形尺寸是长70 mm、宽70 mm、厚5 mm。工件上需要加工九个孔，孔的尺寸为ϕ10 mm，每个孔的加工深度为2 mm。工件的装夹可以使用压板或磁性吸盘。

为了找正工件与工具电极的相对位置，可以采用以下方法：

（1）目测法

目测工具电极与工件的相对位置，通过纵向、横向移动工作台加以调整，达到找正的目的。

（2）打印法

用目测法大致调整好工具电极与工件的相对位置后，用弱脉冲加工出一浅印（见图7-20），如所打孔周边都有相对均匀的放电加工量，即可继续放电加工。

图7-19 装夹工具电极

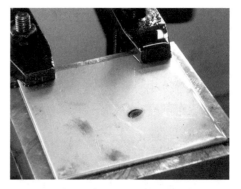

图7-20 用打印法找正工件与工具电极的位置

（3）测量法

利用量规、量块、游标卡尺等定位。

三、多孔加工的方法

如图7-21所示为多孔加工过程，图7-22所示为加工成品。

这里供选择的加工方法有两种，对于具备编程功能的数控电火花成形加工机床，可以采用编写加工程序的方式完成多孔加工；对于不具备编程功能的数控电火花成形加工机床，可以采用手动点位控制的方式完成加工任务。

图 7-21 多孔加工过程

图 7-22 加工成品

1. 采用编写加工程序的方式完成多孔加工

加工程序已在前面介绍，这里不再赘述，但在编写程序时要注意以下几点：

（1）在编程时比较容易建立的思维是采用 G91 增量位移的子程序来代替输入坐标值，程序中出现了子程序的嵌套调用，这种方法在减少程序的复杂性和缩短程序长度方面可以收到很好的效果。

（2）多孔加工程序是一个典型的子程序调用实例，同类工件的编程与加工可以从中得到启发。对于此类工件的编程除了要强化编程思维外，还应注意程序中一些细节问题的灵活处理。

2. 采用手动点位控制的方式完成多孔加工

（1）工件上需要加工九个孔，将左下角的孔作为定位孔，绝对坐标的原点在工件的左下角。

（2）按下"手动对刀"按钮，转动 X 轴方向手轮，将工具电极移至工件左侧端面外，然后按下"下降"按钮，使工具电极缓慢下降，使其稍低于工件的上表面。再转动 X 轴方向的手轮，使工具电极轻轻接触工件端面，此时蜂鸣器鸣叫，将 X 坐标设定为 $-R$（R 为工具电极半径）。

（3）重复步骤（2）的操作，可将 Y 向坐标设定为 $-R$（R 为工具电极半径），从而完成 X 向、Y 向的手动对刀。

（4）转动 X 轴和 Y 轴方向的手轮，观察电气柜面板上的 X 坐标值和 Y 坐标值，使其为第一孔的坐标值。

（5）根据一般的电火花成形加工要求，设置粗加工、半精加工和精加工三个工步加工一个孔。

（6）其他各孔可按图样要求，以第一孔位置为基准，分别计算出各孔距第一孔的绝对坐标值，加工其他孔时，只要转动 X 轴和 Y 轴方向的手轮，观察机床面板上的 X 坐标值和 Y 坐标值，使其为各孔的坐标值即可。

任务三 手机外壳模具的电火花成形加工

学习目标

1. 掌握简单模具造型的基础知识和工艺处理方法。
2. 掌握相关的操作基础和要点以及电规准的选择方法。
3. 初步掌握镜面加工的方法。

任务描述

手机是现代社会离不开的通信工具，手机的外壳是由模具加工成形的。本任务要求制作手机外壳（见图 7-23）的模具电极，并完成模具的电火花成形加工。

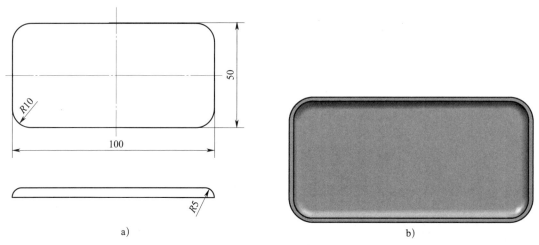

图 7-23 手机外壳零件图和三维图

a）零件图 b）三维图

相关理论

电火花成形加工技术在模具制造、复杂工件的加工中已经得到了广泛应用，但是，由于普通电火花成形加工时，工具电极和工件之间的脉冲放电通常一次只形成一个放电通道，能量较大，因此，其加工表面的表面粗糙度值较大，尤其当加工面积较大时，表面质量往往达不到要求，所以，电火花成形加工后还要进行抛光处理，电火花成形加工不能作为工件生产的最后工序。新兴的混粉电火花成形加工技术解决了这一难题，它能改善大面积电火花成形加工时工件的表面质量，甚至可以达到镜面加工效果，从而使电火花成形加工可以作为工件加工的精加工工序，降低了制造成本。

一、混粉电火花成形加工的工作原理

在工作液中加入一定比例的导电性或半导电性超细粉末（如硅粉、铝粉、钨粉等），由于放电间隙中充满着很多悬浮的粉末颗粒（见图7-24），粉末颗粒在两极电场的感应下产生感生电荷，从而使电极和工件间电场发生畸变，原先的电极与工件直接放电的单一放电通道被粉末颗粒分散为更多的放电通道，即由电极与粉末颗粒、粉末颗粒间、粉末颗粒与工件间同时形成放电通道，在同一时间内形成串联的多个小放电通道，使单个脉冲放电能量在空间上被分割，细分为 $1/6 \sim 1/2$ 或更小的脉冲能量，在工件表面加工出更小的放电凹坑。

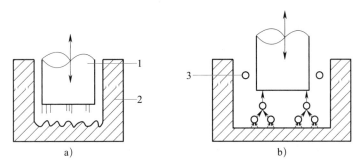

图 7-24 混粉工作液电火花成形加工原理图
a）普通工作液 b）混粉工作液
1—电极 2—工件 3—粉末颗粒

混粉电火花成形加工减少了局部集中放电，提高了加工稳定性，从而能稳定获得大面积的光整加工表面。混粉电火花成形加工与传统电火花成形加工方法相比，能有效改善工件表面质量（见图7-25），减小表面粗糙度值，在模具制造行业具有广阔的应用前景。

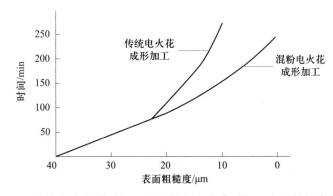

图 7-25 传统电火花成形加工与混粉电火花成形加工表面粗糙度的对比

二、电火花成形加工的主要工艺指标及其影响因素

电火花成形加工的工艺性能是通过工艺指标来衡量的。电火花成形加工的主要工艺指标有加工速度、工具电极损耗、加工精度、表面质量等。

1. 影响加工速度的主要因素

电火花成形加工速度通常用单位时间内从工件上蚀除的金属体积衡量，用 v_m 表示，单位为 mm^3/min；有时也采用单位时间内从工件上蚀除的金属质量（g）衡量，用 v_g 表示。用公式表示如下：

$$v_m = V/t$$

$$v_g = m/t$$

式中　　V——蚀除的金属体积，mm^3；

　　　　t——电火花成形加工的时间，min；

　　　　m——蚀除的金属质量，g。

很明显，v_m 和 v_g 的关系为：

$$v_m = v_g/\rho$$

式中　　ρ——工件材料的密度，g/mm^3。

（1）脉冲宽度对加工速度的影响

当脉冲峰值电流一定时，脉冲宽度增加，加工速度随之增加；脉冲宽度增加到一定数值时，加工速度达到最高；此后继续增加脉冲宽度，加工速度则会下降。因为随着脉冲宽度的增加，单个脉冲能量增大，使加工速度提高。脉冲宽度继续增加时，转换的热能大部分散失在工具电极与工件中，不起蚀除作用。同时，由于蚀除产物增多，使排气、排屑困难，加工稳定性变差，因此加工速度反而下降。

（2）脉冲间隔对加工速度的影响

在脉冲宽度一定的情况下，脉冲间隔减小，单位时间内的脉冲放电次数就增多，加工电流增大，加工速度提高。但脉冲间隔小于某一数值后，随着脉冲间隔的继续减小，加工速度反而降低。这是由于脉冲间隔过小，放电间隙来不及消电离，使加工稳定性变差，加工速度降低。

（3）峰值电流对加工速度的影响

在脉冲宽度和脉冲间隔一定的情况下，随着峰值电流的增加，单个脉冲的放电能量增大，加工速度提高。但当峰值电流达到一定数值后，单个脉冲放电能量很大，加工速度下降。

（4）非电加工参数对加工速度的影响

除以上因素影响加工速度外，非电加工参数对电火花成形加工速度也有影响。非电加工参数包括加工面积、加工深度、工作液种类、冲液方式、排屑条件、电极的材料等。

2. **影响电极损耗的主要因素**

（1）脉冲宽度对电极损耗的影响

在峰值电流一定的情况下，随着脉冲宽度减小，电极损耗增大。脉冲宽度越窄，电极损耗上升的趋势越明显。

（2）脉冲间隔对电极损耗的影响

在脉冲宽度不变时，随着脉冲间隔的增大，引起放电间隙消电离状态变化，使电极上的"覆盖效应"减少，电极因加工造成的补偿减小，电极损耗增大。随着脉冲间隔的减小，电极损耗也逐渐减小，但超过一定程度后放电间隙来不及消电离而造成拉弧烧伤，反而影响正常加工。

（3）峰值电流对电极损耗的影响

对于一定的脉冲宽度，加工时的峰值电流不同，电极损耗也不同。用纯铜电极加工钢件时，随着峰值电流的增大，电极损耗也增大。用石墨电极加工钢件时，在脉冲宽度相同的条件下，随着峰值电流的增大，电极损耗不是增大而是减小。脉冲宽度和峰值电流对电极的影响效果是综合的，只有脉冲宽度和峰值电流保持一定的关系，才能实现电极低损耗加工。

（4）加工极性对电极损耗的影响

当脉冲宽度小于某一数值时，正极性加工损耗小于负极性加工损耗；反之，正极性加工损耗大于负极性加工损耗。一般情况下，用石墨电极和纯铜电极加工钢件时，粗加工用负极性。但在用钢电极加工钢件时，无论粗加工还是精加工都要采用正极性；否则电极损耗很大。

三、高速铣削加工与电火花成形加工的联系

数控电火花成形加工和高速铣削加工已成为模具制造行业中的两大主要方式，高速铣削加工发展迅速，已经取代了部分放电加工。然而，高速铣削加工并不能完全取代电火花成形加工，因为两者各有千秋。

高速铣削加工采用小直径铣刀（$R0.15 \sim 0.3$ mm 的端铣刀）、高转速（30 000 ~ 60 000 r/min）、小进给量，可以提高生产效率，并使加工精度大大提高，高速铣削加工铣削深度小，进给较快，工件变形小，获得的表面粗糙度值小。

高速铣削加工允许在热处理后再进行加工，这样可以简化加工工艺，高速铣削加工可以获得非常高的表面质量，避免了采用电火花加工时表面质量不高或电极制造困难等难题。然而电火花成形加工在深槽、窄缝、深型腔、拐角、精密小型腔的加工中优势明显。在实际生产中高速铣削加工和电火花成形加工是相辅相成的，如利用高速铣削加工制作电极，既可以提高生产效率，又可以保证电极的制作精度，使电火花成形加工的精度得到提高。

✕ 任务实施

近年来人们对手机质量的要求越来越高，也越来越注重手机的美观程度，因而也对手机外壳模具的制造提出了更高的要求，例如，模具的型腔表面甚至要达到镜面加工效果。

一、工艺准备

如图7-23所示为手机外壳零件图。由于手机外壳模具的表面质量要求较高，故对电极制作的要求也比较高。在工序安排上先用高速铣削加工中心（见图7-26）对工件的型腔进行粗加工（见图7-27），最后使用混粉电火花成形加工技术，加工后的表面质量较高，不再进行抛光处理。

图7-26 高速铣削加工中心

二、电极的准备

电极材料选用模具钢。由于能用加工中心完成工件型腔轮廓的粗加工，因此，电火花成形加工时的余量比较小，可以只用一个电极来完成加工。电极单侧缩放量取0.2 mm，用高速铣削加工中心铣削电极，如图7-28所示。完成本任务时，由于不易排气、排屑，将直接影响加工速度、加工稳定性和加工质量，因此，在一般情况下要在不易排气和排屑的拐角、窄缝处开冲液孔。冲液孔和排气孔的直径应不大于缩放量的2倍。孔径不宜过大，孔径太大则加工后残留的凸起太大，不易清除。

由于要求电极的表面粗糙度值较小，电极在加工中心上完成加工后还要进行抛光处理。

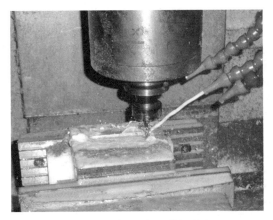

图 7-27　用加工中心进行粗加工

图 7-28　铣削后的电极

三、电极的装夹与校正

电极利用电极柄固定在机床主轴上，尽量将电极夹正，以防止垂直度误差太大，用百分表校正电极后，用紧定螺钉将电极柄顶紧，使电极在加工中不会产生任何松动，如图 7-29 所示。

a)

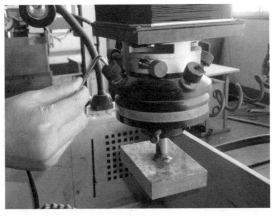

b)

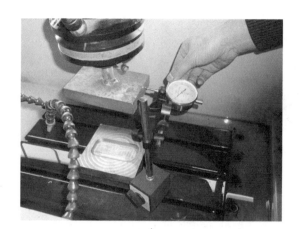

c)

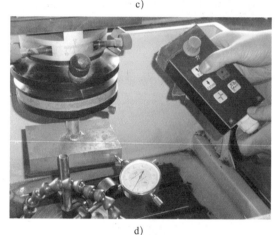

d)

图 7-29　电极的装夹与校正

a）安装电极　b）夹正电极　c）校正平行度　d）校正垂直度

四、工件的装夹与找正

将工件放置在工作台上，找正其基准面与机床的轴向平行，用压板将其压紧，如图 7-30 所示。

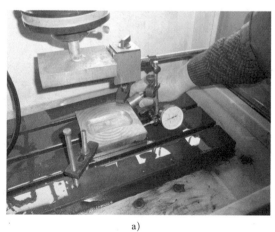

a)

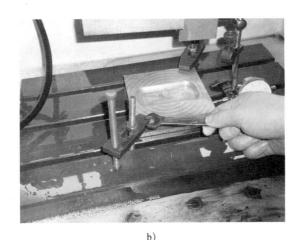

图 7-30　工件的装夹与找正
a）找正工件　b）装夹工件

五、采用混粉电火花成形加工

如图 7-31 所示为手机外壳模具的加工过程，图 7-32 所示为加工成品。

1. 在对工件进行混粉电火花成形加工中，工件的表面粗糙度与电加工参数的选择有很大关系。为降低工件表面粗糙度值，应减小单个脉冲的放电能量，即尽可能地采用小的电规准进行加工；为提高加工效率，在不致引起拉弧的情况下，应尽量缩短脉冲间隔。针对本任务，建议脉冲宽度小于 2 μs，峰值电流小于 2 A，脉冲间隔为 10 μs 左右。

2. 在对工件进行混粉电火花成形加工过程中，使工作液箱中的工作液轻微循环，不进行冲液处理。

3. 对工件进行电火花成形加工前还必须除锈、去磁；否则，在加工中工件吸附铁屑，很容易引起拉弧烧伤。

图 7-31　手机外壳模具的加工过程

图 7-32　加工成品

任务四　表面粗糙度样板的电火花成形加工

学习目标

1. 掌握影响电火花成形加工精度和表面质量的主要因素。
2. 掌握电火花成形加工各种电加工参数的选择方法。

任务描述

表面粗糙度是衡量电火花成形加工质量的一个重要指标，工件的电火花成形加工表面粗糙度可以通过检测仪器或表面粗糙度样板来测量。表面粗糙度样板又称表面粗糙度对比样板、表面粗糙度比较样块等，它是通过视觉和触觉直观地判断工件表面粗糙度是否符合图样要求的测量工具。

本任务通过改变电规准的取值，利用电火花成形加工，完成表 7-6 中不同表面粗糙度要求的样板的加工，样板尺寸为 10 mm×20 mm×2 mm。

表 7-6　自制表面粗糙度样板规格

样板	1	2	3	4	5	6
Ra/μm	0.4	0.8	1.6	3.2	6.3	12.5

相关理论

在任务三中介绍了影响电火花成形加工速度和电极损耗的因素，接下来分析影响电火花成形加工精度和表面质量的因素。

一、影响加工精度的主要因素

要提高加工精度，减小加工误差，首先要选择高精度的机床，保证工件和工具电极的安装、定位精度，减小安装误差、定位误差；其次是设计合理的电火花成形加工工艺，减小加工误差。影响电火花成形加工精度的主要因素有加工间隙、加工斜度或斜度角、棱角倒圆半径、表面粗糙度。

1. 加工间隙（侧向间隙）的影响

加工间隙Δ可用下式表示（见图 7-33）：

$$\Delta=\delta+a+d$$

式中　δ——单边初始放电间隙，mm；

　　　　a——单边放电蚀除量，mm；

　　　　d——电极单边损耗量，mm。

加工间隙的大小及其一致性直接影响电火花成形加工的加工精度。影响加工间隙的因素有脉冲宽度、峰值电流、加工电压等。在加工中，加工间隙基本随着脉冲宽度、峰值电流、加工电压的增大而增大，当脉冲宽度、峰值电流、加工电压达到一定数值后，加工间隙趋于一个最大值就不再增大了。另外，加工间隙还受加工稳定性的影响，加工稳定性不好，电极频繁回升，加工间隙就比同一参数下的正常加工间隙大。

2. 加工斜度的影响

加工斜度 $\tan\alpha$ 是指工件上口的最大加工尺寸和工件下口的最小加工尺寸之差除以测量面之间的距离 h，可用下式表示（见图 7-34）：

$$\tan\alpha=\frac{\Delta_{max}-\Delta_{min}}{h}$$

或用斜度角 α 表示：

$$\alpha=\arctan\frac{\Delta_{max}-\Delta_{min}}{h}$$

式中　Δ_{max}——工件上口的最大加工尺寸，mm；

　　　　Δ_{min}——工件下口的最小加工尺寸，mm；

　　　　α——斜度角，（°）；

　　　　h——上、下测量面之间的距离，mm。

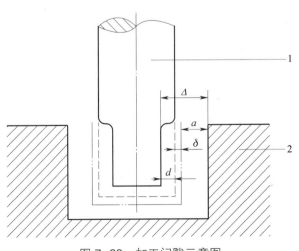

图 7-33　加工间隙示意图
1—电极　2—工件

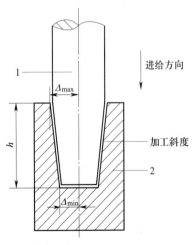

图 7-34　加工斜度示意图
1—电极　2—工件

在加工中，电极的损耗、工作液的污染、加工深度的增加都会形成加工斜度。

加工时，电极的损耗从底部往上逐渐减少，电极由于损耗而形成锥度，反映到工件上就形成了工件上的加工斜度，如图7-34所示。

加工时，工作液变脏，会产生二次放电，放电间隙状态恶劣，电极回升次数增多，形成加工斜度。例如，采用冲液加工时，电蚀产物由已加工面流出，增加了二次放电的机会，使加工斜度增大，而用抽液加工时，电蚀产物由抽吸管排出，干净的工作液从电极周边进入，减少了二次放电的机会，加工斜度减小。

加工斜度基本上随加工深度的增大而增大，但不成比例关系。加工深度超过一定数值后，加工斜度不再增大。

3. 棱角倒圆的原因和规律

在电火花成形加工中，电极尖角和棱边的损耗比端面和侧面的损耗严重，由于电极棱角的损耗导致工件棱角倒圆，加工出的工件不能得到清棱，如图7-35所示。工件棱角倒圆的半径随着加工深度的增大而增大。但当加工深度超过一定数值后，其增大的趋势逐渐减缓，最后停留在某一最大值上。

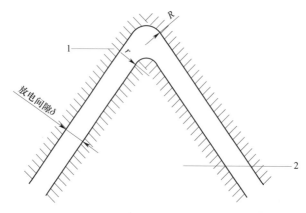

图7-35　工件棱角倒圆示意图

1—工件　2—电极

二、影响电火花成形加工表面粗糙度的主要因素

与机械加工一样，电火花成形加工表面粗糙度通常用轮廓的算术平均偏差 Ra 或轮廓的最大高度 Rz 表示，单位为 μm。

电火花成形加工的表面粗糙度可分为底面表面粗糙度和侧面表面粗糙度。由于二次放电的修光作用，用同一电规准加工出来的工件侧面表面粗糙度值往往要稍小于工件底面表面粗糙度值。下面总结了影响电火花成形加工表面粗糙度值的几个主要因素：

1. 脉冲宽度的影响

峰值电流一定时，脉冲宽度大，单个脉冲能量就大，放电腐蚀加工出的小坑大而深，表面粗糙度值就大，如图 7-36 所示。

2. 峰值电流的影响

在脉冲宽度一定的情况下，随着峰值电流的增大，单个脉冲能量也增大，所加工工件表面粗糙度值变大，如图 7-37 所示。

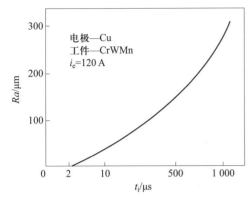

图 7-36 脉冲宽度对表面粗糙度值的影响

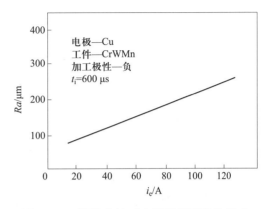

图 7-37 峰值电流对表面粗糙度值的影响

3. 电极材料和加工极性的影响

在粗规准和中规准范围内，脉冲宽度大时，用纯铜电极所加工出的工件表面粗糙度值比用石墨电极加工小。脉冲宽度小时，用石墨电极所加工出的工件表面粗糙度值比用纯铜电极加工小。对同一种电极材料，脉冲宽度大，正极性加工表面粗糙度值比负极性加工小；反之，脉冲宽度小，负极性加工表面粗糙度值比正极性加工小。

4. 工件材料的影响

对于熔点高的材料（如硬质合金等），单脉冲加工形成的凹坑较小，在相同能量下加工的表面粗糙度值要比熔点低的材料（如钢等）小。

5. 加工面积的影响

在电火花成形加工中，电极和工件相当于电容的正极和负极，工作液相当于电容间的绝缘介质，这样在电极之间就形成了"电容器"。当小能量的单个脉冲到达电极和工件时，电能被此电容"吸收"，只有当"电容器"积累了一定的电能后，才会引起击穿放电，这样就加工出比设定规准大的凹坑，工件的表面质量较差。加工面积越大，电容积聚的能量越多，所加工工件表面质量越差。

🔧任务实施

电火花成形加工后的表面粗糙度检验仍沿用机械加工后表面粗糙度的评定方法，自制表面粗糙度样板主要是供操作人员目测比较工件的表面粗糙度状况。

为了看清楚各表面粗糙度状况，一般加工深度比较浅。加工过程是先加工表面粗糙度值最小的自制样板，然后依次加工表面粗糙度值大的自制样板。

采用单电极完成整个表面粗糙度样板的加工比较合适，通常表面粗糙度值越大的工件越容易加工，工具电极的加工面损耗也越小，基本上不需要修整。表面粗糙度值越小，工具电极损耗就越大，但是放电凹坑较小，分布较均匀。设计工具电极时，应适当考虑工具电极的修整余量，工具电极发生损耗后应及时修整。另外，在放电过程中，应使电极和工件之间有一个很小的平动量，这样可以对放电间隙进行调整，获得较高的表面质量。同时应注意冲液的压力控制、抬刀次数的增加。

具体步骤如下：

一、工件的设计与制作

工件材料为 304 不锈钢，尺寸为 100 mm×100 mm×4 mm，在电火花成形加工前需要先对工件表面进行铣削加工，再进行淬火，最后是成形磨削。另外，也可以采用表面质量较高的不锈钢板直接作为工件，如图 7-38 所示。

二、工具电极的设计与制作

工具电极的材料为纯铜，尺寸为 10 mm×20 mm×40 mm，由于尺寸不大，故可设计成整体式电极，工具电极的水平截面形状为矩形，工具电极加工面可在加工中心上铣削加工（见图 7-39），再由钳工进行抛光处理。

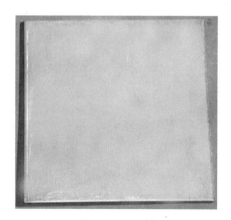

图 7-38　工件

图 7-39　在加工中心上制作工具电极

三、工具电极的装夹与校正

工具电极的装夹面在数控车床上车削完成，将车削后的工具电极直接固定在主轴上，并用百分表进行校正，如图 7-40 所示。

四、工件的装夹

将工件放置在工作台上，加装压板，将工件压住，如图 7-41 所示。

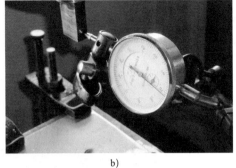

a)   b)

图 7-40　工具电极的装夹与校正
a）装夹工具电极　b）校正工具电极

五、电规准的选择

根据前面介绍的电规准对表面粗糙度的影响规律，脉冲宽度、峰值电流、脉冲间隔的取值越大，获得的表面粗糙度值越大，结合实际生产经验，选择电规准时可参照表 7-7。

图 7-41　工件的装夹

表 7-7　电规准选择参照表

序号	$Ra/\mu m$	脉冲宽度 /μs	峰值电流 /A	脉冲间隔 /μs
1	0.4	2	2	10
2	0.8	4	4	12
3	1.6	20	5	30
4	3.2	50	10	60
5	6.3	200	20	100
6	12.5	600	30	200

六、表面粗糙度样板的制作

依据安全操作规程，按照电火花成形加工机床的操作方法，在设置好参数后，加工表面粗糙度样板。按照表面粗糙度值从小到大的顺序依次加工。加工过程如图 7-42 所示，加工成品如图 7-43 所示。

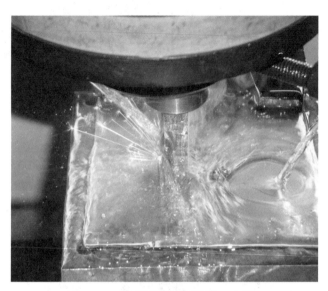

图 7-42　表面粗糙度样板加工过程

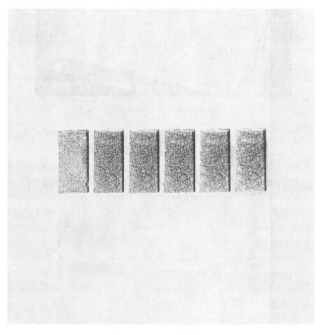

图 7-43　加工成品